钢结构工程关键岗位人员培训丛书

钢结构工程质量员必读

魏 群 主 编
千战应 周锦安 副主编
李续禄 孙 凯

中国建筑工业出版社

图书在版编目（CIP）数据

钢结构工程质量员必读/魏群主编．—北京：中国建筑工业出版社，2010.11
（钢结构工程关键岗位人员培训丛书）
ISBN 978-7-112-12555-5

Ⅰ.①钢… Ⅱ.①魏… Ⅲ.①钢结构-建筑工程-工程质量-质量控制-基本知识 Ⅳ.①TU758.11

中国版本图书馆 CIP 数据核字（2010）第 197441 号

本书以《建筑工程施工质量验收统一标准》GB 50300 及其配套标准《钢结构工程施工质量验收规范》GB 50205 为依据，首先介绍了钢结构工程质量员的基本工作内容及职责、钢结构工程质量保证体系、钢结构工程质量控制的特点、要求、依据以及方法。重点介绍了钢结构工程的原材料及成品质量控制要求、焊接工程质量控制要求、紧固件连接工程质量控制要求、钢零件及钢部件加工工程质量控制要求、钢构件组装工程质量控制要求、钢构件预拼装工程质量控制要求、单层钢结构安装工程质量控制要求、多层及高层钢结构安装工程质量控制要求、钢网架结构工程质量控制要求、压型金属板工程质量控制要求以及钢结构涂装工程质量控制要求等 11 个方面的内容，并对钢结构工程施工质量通病及防治、钢结构工程施工质量验收的流程与资料管理进行了阐述。

本书可作为钢结构工程质量员的培训教材，也可作为钢结构工程施工管理人员、技术人员、监理人员、质量监督人员等的参考书。

* * *

责任编辑：范业庶
责任设计：赵明霞
责任校对：张艳侠 刘 钰

钢结构工程关键岗位人员培训丛书
钢结构工程质量员必读
魏 群 主编
千战应 周锦安 李续禄 孙 凯 副主编

*

中国建筑工业出版社出版、发行（北京西郊百万庄）
各地新华书店、建筑书店经销
北京千辰公司制版
北京富生印刷厂印刷

*

开本：787×1092 毫米 1/16 印张：12¼ 字数：292 千字
2010 年 11 月第一版 2010 年 11 月第一次印刷
定价：**28.00** 元
ISBN 978-7-112-12555-5
(19808)

版权所有 翻印必究
如有印装质量问题，可寄本社退换
（邮政编码 100037）

《钢结构工程关键岗位人员培训丛书》编写委员会

顾　问：姚　兵　　刘洪涛　　何　雄
主　编：魏　群
编　委：千战应　孔祥成　尹伟波　尹先敏　王庆卫　王裕彪
　　　　邓　环　冯志刚　刘志宏　刘尚蔚　刘　悦　刘福明
　　　　孙少楠　孙文怀　孙　凯　孙瑞民　张俊红　李续禄
　　　　李新怀　李增良　杨小荟　陈学茂　陈爱玖　陈　铎
　　　　陈　震　周国范　周锦安　孟祥敏　郑　强　姚红超
　　　　姜　华　秦海琴　袁志刚　贾鸿昌　郭福全　黄立新
　　　　靳　彩　魏定军　魏鲁双　魏鲁杰

前　言

工程质量是施工单位各部门、各环节、各项工作质量的综合反映，质量保证工作的中心是各部门各级人员认真履行各自的质量职能。对于一个建设工程来说，项目质量员负责工程的全部质量控制工作，负责指导和保证质量控制制度的实施，保证工程建设满足技术规范和合同规定的质量要求。

目前，我国钢结构工程的大量发展一方面代表了我国建筑技术水平的发展，另一方面也体现出钢结构工程质量控制工作的重要性。为了提高钢结构工程质量员的技术素质，编者针对钢结构质量员必须掌握的知识及质量控制中经常遇到的问题，用通俗的语言，编写了这本《钢结构工程质量员必读》。

本书主要以《建筑工程施工质量验收统一标准》GB 50300 及其配套标准的《钢结构工程施工质量验收规范》GB 50205 为依据，介绍了钢结构工程质量员的基本工作与职责，介绍了钢结构工程质量保证体系的内容以及钢结构工程质量控制的特点、要求、依据以及方法。对钢结构工程的各个分部重点介绍了进场原材料及成品质量控制要求、焊接工程质量控制要求、紧固件连接工程质量控制要求、钢零件及钢部件加工工程质量控制要求、钢构件组装工程质量控制要求、钢构件预拼装工程质量控制要求、单层钢结构安装工程质量控制要求、多层及高层钢结构安装工程质量控制要求、钢网架结构工程质量控制要求、压型金属板工程质量控制要求以及钢结构涂装工程质量控制要求十一个方面的内容，并对钢结构工程施工质量通病及事故问题进行了介绍，最后介绍了钢结构工程施工质量验收的流程与资料管理。编写时，力求内容简明扼要、浅显实用、概念清晰、联系实际。

在本书的编写过程中，参阅了大量的资料和书籍，并得到了出版社领导和有关人员的大力支持，在此谨表衷心感谢！由于我们水平有限，加上时间仓促，书中缺点在所难免，恳切希望读者提出宝贵意见。

本书可作为钢结构工程质量员的培训教材，也可作为钢结构工程施工管理人员、技术人员、监理人员以及工程质量监督人员的参考书。

目 录

1 概述 ··· 1
1.1 质量员概述 ··· 1
1.1.1 质量员的素质要求 ·· 1
1.1.2 质量员的基本工作 ·· 1
1.2 钢结构工程质量员职责 ·· 2
1.2.1 施工准备阶段的职责 ··· 2
1.2.2 施工过程中的职责 ·· 2
1.2.3 施工验收阶段的职责 ··· 2
1.3 钢结构工程有关标准规范的介绍 ··· 2
1.3.1 《钢结构工程施工质量验收规范》GB 50205 ·················· 2
1.3.2 《建筑工程施工质量验收统一标准》GB 50300 ··············· 3
1.3.3 《网架结构设计与施工规程》JGJ 7—91 ······················· 3
1.3.4 《建筑钢结构防火技术规范》CECS 200：2006 ············· 4
1.3.5 《建筑钢结构焊接技术规程》JGJ 81—2002 ················· 4

2 钢结构工程质量保证体系 ··· 6
2.1 政府及社会工程质量保证体系 ··· 6
2.2 企业工程质量保证体系 ·· 7
2.3 项目工程质量保证体系 ·· 8

3 钢结构工程质量控制 ·· 10
3.1 钢结构工程的质量特点 ·· 10
3.2 钢结构工程施工质量控制的过程 ······································· 10
3.2.1 事前质量控制 ·· 12
3.2.2 事中质量控制 ·· 13
3.2.3 事后质量控制 ·· 13
3.3 钢结构工程施工质量控制的要求和依据 ····························· 13
3.3.1 钢结构工程施工质量控制的要求 ································· 13
3.3.2 钢结构工程施工质量控制的依据 ································· 14
3.4 钢结构工程施工质量控制方法 ·· 15
3.4.1 编制和审核有关技术文件、报告 ································ 15
3.4.2 过程检查与最终检查 ·· 16

4 进场原材料及成品质量控制 … 18
4.1 钢材 … 18
4.1.1 钢材的技术要求 … 18
4.1.2 钢材的质量控制 … 18
4.2 焊接材料 … 20
4.2.1 材料的技术要求 … 20
4.2.2 焊接材料的质量控制 … 20
4.3 连接用紧固标准件 … 21
4.3.1 材料的技术要求 … 21
4.3.2 连接用紧固标准件的质量控制 … 22
4.4 焊接球 … 23
4.4.1 材料的技术要求 … 23
4.4.2 焊接球的质量控制 … 24
4.5 螺栓球 … 24
4.6 封板、锥头和套筒 … 25
4.7 金属压型板 … 25
4.8 涂装材料 … 25
4.8.1 材料的技术要求 … 25
4.8.2 涂装材料的质量控制 … 26
4.9 其他 … 26
4.9.1 其他材料的质量控制 … 26
4.9.2 材料质量控制常用标准 … 27

5 钢结构焊接工程质量控制 … 30
5.1 一般规定 … 30
5.1.1 焊接准备的一般规定 … 30
5.1.2 焊接施工的一般规定 … 31
5.2 焊接质量控制与验收 … 32
5.2.1 钢构件焊接工程 … 32
5.2.2 焊钉（栓钉）焊接工程 … 35
5.3 焊接质量常见问题的预防与处理 … 35
5.3.1 焊接材料不匹配 … 35
5.3.2 焊缝表面缺陷 … 36
5.3.3 焊接缺陷 … 39
5.3.4 埋弧自动焊焊接缺陷 … 40
5.3.5 焊接坡口形状和尺寸不符合要求 … 42
5.3.6 焊缝内部缺陷 … 42
5.3.7 焊脚尺寸偏差过大 … 42

5.3.8 焊缝余高和错边偏差过大 …………………………………… 42
5.3.9 焊接变形 ……………………………………………………… 43
5.3.10 板材层状撕裂 ………………………………………………… 46
5.3.11 焊接管理不善 ………………………………………………… 48

6 紧固件连接工程质量控制 ……………………………………………… 54
6.1 一般规定 …………………………………………………………… 54
6.1.1 铆接施工的一般规定 ………………………………………… 54
6.1.2 普通螺栓施工的一般规定 …………………………………… 54
6.1.3 高强度螺栓施工的一般规定 ………………………………… 55
6.2 紧固件连接质量控制与验收 ……………………………………… 57
6.2.1 铆接质量检验 ………………………………………………… 57
6.2.2 普通紧固件连接质量检验 …………………………………… 57
6.2.3 高强度螺栓连接质量检验 …………………………………… 58
6.3 紧固件连接常见质量问题的预防与处理 ………………………… 63
6.3.1 铆接质量通病及防治 ………………………………………… 63
6.3.2 普通紧固件连接质量通病及防范 …………………………… 63
6.3.3 高强度螺栓连接质量通病及防治 …………………………… 64

7 钢零件及钢部件加工工程质量控制 …………………………………… 68
7.1 一般规定 …………………………………………………………… 68
7.1.1 放样与下料的一般规定 ……………………………………… 68
7.1.2 切割的一般规定 ……………………………………………… 69
7.1.3 矫正、成型的一般规定 ……………………………………… 69
7.1.4 边缘加工的一般规定 ………………………………………… 70
7.1.5 制孔的一般规定 ……………………………………………… 71
7.2 钢零件及钢部件加工质量控制与验收 …………………………… 71
7.2.1 切割质量检验 ………………………………………………… 71
7.2.2 矫正、成型的质量检验 ……………………………………… 72
7.2.3 边缘加工质量检验 …………………………………………… 73
7.2.4 管、球加工质量检验 ………………………………………… 74
7.2.5 制孔质量检验 ………………………………………………… 75
7.3 钢零件及钢部件加工常见质量问题的预防与处理 ……………… 77
7.3.1 钢零件及钢部件加工材料质量通病及防治 ………………… 77
7.3.2 放样与下料施工质量通病及防治 …………………………… 79
7.3.3 成型质量通病及防治 ………………………………………… 82
7.3.4 边缘加工质量通病及防治 …………………………………… 83
7.3.5 管、球加工质量通病及防治 ………………………………… 84

  7.3.6 制孔质量通病及防治 ·· 85

8 钢构件组装工程质量控制 ·· 87
8.1 一般规定 ·· 87
8.2 钢构件组装质量控制与验收 ·· 87
  8.2.1 主控项目检验 ·· 87
  8.2.2 一般项目检验 ·· 88
8.3 钢构件组装常见质量问题的预防与处理 ································ 96
  8.3.1 吊车梁（桁架）下挠 ·· 96
  8.3.2 焊接 H 型钢接缝过小 ·· 96
  8.3.3 端部铣平精度不够 ··· 97
  8.3.4 钢构件外形尺寸不合格 ··· 97
  8.3.5 焊接连接组装错误 ·· 100
  8.3.6 顶紧接触面紧贴面积不够 ··· 100

9 钢构件预拼装工程质量控制 ··· 101
9.1 一般规定 ··· 101
9.2 钢构件预拼装工程质量控制与验收 ···································· 101
  9.2.1 主控项目检验 ·· 101
  9.2.2 一般项目检验 ·· 102
9.3 钢构件预拼装工程常见质量问题的预防与处理 ···················· 102
  9.3.1 钢构件运输及堆放变形 ··· 102
  9.3.2 钢结构预拼装变形 ··· 108
  9.3.3 构件起拱不准确 ·· 108
  9.3.4 拼装焊接变形 ··· 109
  9.3.5 构件拼装后扭曲 ·· 109
  9.3.6 构件跨度不准确 ·· 110

10 单层钢结构安装工程质量控制 ··· 111
10.1 一般规定 ·· 111
10.2 单层钢结构安装工程质量控制与验收 ······························· 111
  10.2.1 主控项目检验 ·· 111
  10.2.2 一般项目检验 ·· 113
10.3 单层钢结构安装工程常见质量问题的预防与处理 ················ 117
  10.3.1 基础混凝土和支承面设计达不到要求 ··························· 117
  10.3.2 钢柱垂直偏差过大 ··· 117
  10.3.3 钢柱长度尺寸偏差过大 ··· 119
  10.3.4 钢屋架起拱过大 ·· 119

	10.3.5 钢屋架跨度偏差过大	120
	10.3.6 钢屋架垂直度偏差过大	120
	10.3.7 钢吊车梁垂直偏差过大	121
	10.3.8 吊车轨道安装变形过大	122

11 多层及高层钢结构安装质量控制 ················· 123
  11.1 一般规定 ················· 123
    11.1.1 施工准备的一般规定 ················· 123
    11.1.2 基础和支承面的一般规定 ················· 123
    11.1.3 构件安装顺序的一般规定 ················· 123
    11.1.4 钢构件安装的一般规定 ················· 124
    11.1.5 安装测量校正的一般规定 ················· 124
  11.2 多层及高层钢结构安装工程质量控制与验收 ················· 125
    11.2.1 主控项目检验 ················· 125
    11.2.2 一般项目检验 ················· 127
  11.3 多层及高层钢结构安装工程常见质量问题的预防与处理 ················· 131
    11.3.1 多层装配式框架安装变形过大 ················· 131
    11.3.2 水平支撑安装偏差过大 ················· 132
    11.3.3 梁—梁、柱—柱节点接头施工端部节点不密合 ················· 132

12 钢网架结构安装工程质量控制 ················· 134
  12.1 一般规定 ················· 134
    12.1.1 焊接球节点加工的一般规定 ················· 134
    12.1.2 螺栓球节点加工的一般规定 ················· 134
    12.1.3 钢管杆件加工的一般规定 ················· 134
  12.2 钢网架结构安装工程质量控制与验收 ················· 135
    12.2.1 主控项目检验 ················· 135
    12.2.2 一般项目检验 ················· 136
  12.3 钢网架结构安装工程常见质量问题的预防与处理 ················· 137
    12.3.1 钢网架总拼施工质量通病及防治 ················· 137
    12.3.2 钢网架安装施工质量通病及防治 ················· 139

13 压型金属板工程质量控制 ················· 147
  13.1 一般规定 ················· 147
  13.2 压型金属板工程质量控制与验收 ················· 147
    13.2.1 主控项目检验 ················· 147
    13.2.2 一般项目检验 ················· 148
  13.3 压型金属板工程常见质量问题的预防与处理 ················· 149

13.3.1 压型钢板规格性能不符合要求 …………………………………… 149
13.3.2 压型金属板选用不合理 …………………………………………… 149
13.3.3 压型钢板制作时几何尺寸偏差过大 ……………………………… 150

14 钢结构涂装工程质量控制 …………………………………………… 151
14.1 一般规定 …………………………………………………………… 151
14.1.1 涂装施工准备工作一般规定 ……………………………………… 151
14.1.2 施工环境条件的一般规定 ………………………………………… 151
14.1.3 涂装施工的一般规定 ……………………………………………… 151
14.2 钢结构涂装工程质量控制与验收 ………………………………… 152
14.2.1 主控项目检验 ……………………………………………………… 152
14.2.2 一般项目检验 ……………………………………………………… 153
14.3 钢结构涂装工程常见质量问题的预防与处理 …………………… 154
14.3.1 钢结构防腐涂料涂装施工质量通病及防治 ……………………… 154
14.3.2 钢结构防火涂料涂装施工质量通病及防治 ……………………… 158

15 钢结构工程施工质量问题的分析与处理 …………………………… 162
15.1 钢结构工程施工质量问题的分析 ………………………………… 162
15.1.1 钢材的先天性缺陷 ………………………………………………… 162
15.1.2 钢构件的加工制作缺陷 …………………………………………… 162
15.1.3 钢结构的连接缺陷 ………………………………………………… 163
15.1.4 钢结构缺陷的处理和预防 ………………………………………… 164
15.2 钢结构工程质量事故的分析与处理 ……………………………… 164
15.2.1 钢结构材料事故的分析与处理 …………………………………… 164
15.2.2 钢结构变形事故的分析与处理 …………………………………… 166
15.2.3 钢结构脆性断裂事故的分析与处理 ……………………………… 169
15.2.4 钢结构疲劳破坏事故的分析与处理 ……………………………… 171
15.2.5 钢结构失稳事故的分析与防范 …………………………………… 173
15.2.6 钢结构锈蚀事故的分析与处理 …………………………………… 175
15.2.7 钢结构火灾事故的分析与处理 …………………………………… 177

16 钢结构工程施工质量验收的管理 …………………………………… 179
16.1 钢结构工程施工质量验收流程 …………………………………… 179
16.2 钢结构工程施工质量验收资料 …………………………………… 180
16.3 钢结构分部（子分部）工程竣工质量验收 ……………………… 180

参考文献 ……………………………………………………………………… 183

1 概 述

1.1 质量员概述

1.1.1 质量员的素质要求

工程质量是施工单位各部门、各环节、各项工作质量的综合反映,质量保证工作的中心是各部门各级人员认真履行各自的质量职能。对于一个建设工程来说,项目质量员应对现场质量管理的实施全面负责,质量员必须具备如下素质。

(1) 要求有足够的专业知识。质量员的工作具有很强的专业性和技术性,必须由专业技术人员来承担,要求对设计、施工、材料、机械、测量、计量、检测和评定等各方面专业知识都应了解并精通。

(2) 要求有很强的工作责任心。质量员负责工程的全部质量控制工作,要求其必须对工作认真负责,批批检验,层层把关,及时发现问题,解决问题,确保工程质量。

(3) 要求有较强的管理能力和一定的管理经验。质量员是现场质量监控体系的组织者和负责人,要求有一定的组织协调能力和管理经验,确保质量控制工作和质量验收工作有条不紊、井然有序的进行。

1.1.2 质量员的基本工作

质量员负责工程的全部质量控制工作,负责指导和保证质量控制制度的实施,保证工程项目质量满足技术规范和合同规定的质量标准与要求,具体如下。

(1) 负责现行钢结构工程适用标准的识别和解释。

(2) 负责质量控制制度和质量控制手段的介绍与具体实施,指导质量控制工作的顺利进行。

(3) 建立文件和报告制度。主要是工程建设各方关于质量控制的申请和要求,针对实施过程中的质量问题而形成的各种报告、文件的汇总,也包括向有关部门传达必要的质量措施。

(4) 组织现场试验室和质监部门实施质量控制,监督实验工作。

(5) 组织工程质量检查,并针对检查内容,主持召开质量分析会。

(6) 指导现场质量监督工作。在施工过程中巡查施工现场,发现并纠正错误操作,并协助工长搞好工程质量自检、互检和交接检,随时掌握各分项工程的质量情况。

(7) 负责整理分项、分部和单位工程检查评定的原始记录,及时填报各种质量报表,建立质量档案。

1.2 钢结构工程质量员职责

1.2.1 施工准备阶段的职责

（1）制定工程项目的现场质量管理制度。根据钢结构工程项目特点，结合工程质量目标和工期目标，建立质量控制系统，制定现场质量检验制度、质量统计报表制度、质量事故报告处理制度、质量文件管理制度，并协助分包单位完善现场质量管理制度，保证整个工程项目保质保量地完成。

（2）参加施工组织设计和施工方案会审、施工图会审和设计交底。全面掌握施工方法、工艺流程、检验手段和关键部位的质量要求，掌握新工艺、新材料、新技术的特殊质量和施工方法。

（3）对分包单位质检人员进行质量培训教育。根据工程项目特点，检查特殊、专业工种和关键的施工工艺或新技术、新工艺、新材料等应用方面的质检人员和操作人员的能力，对其进行重点质量检验和操作培训，提高其操作水平和技术水平。

（4）对进场原材料进行检验。检查进场材料的出厂合格证，并仔细核对其品种、规格、型号、性能，同时配合监理做好见证抽样送检工作。

1.2.2 施工过程中的职责

（1）在单位工程、分部工程、分项工程正式施工前，协助工长认真做好技术交底工作。技术交底主要是让参与施工的人员在施工前了解设计与施工的技术要求，以便科学地组织施工，按合理的工序进行作业。其主要内容，包括施工图、施工组织设计、施工工艺、技术安全措施、规范要求、操作规程、质量标准等要求，对工程项目采用的新结构、新工艺、新材料和新技术的特殊要求，更要详细地交代清楚。

（2）在施工过程中进行技术复核工作，即检查施工人员是否按施工图纸、技术交底及技术操作规程施工。

（3）负责监督施工过程中自检、互检、交接检制度的执行，并参加施工的中间检查、工序交接检查，填写好相关记录。负责纠正不合格工序，对出现的质量事故，应及时停止该部位及相关部位施工，实施事故处理程序。

（4）按照有关验收规定做好隐预检验收工作，并做好隐预检记录，归档保存。

1.2.3 施工验收阶段的职责

按照钢结构工程质量验收规范对检验批、分项工程、分部工程、单位工程进行验收，办理验收手续，填写验收记录，整理有关的工程项目质量的技术文件，归档保存。

1.3 钢结构工程有关标准规范的介绍

1.3.1 《钢结构工程施工质量验收规范》GB 50205

为了加强建筑工程质量管理，统一钢结构工程施工质量的验收，保证钢结构工程质量，国家制定《钢结构工程施工质量验收规范》GB 50205—2001。《钢结构工程施工质量验收规范》GB 50205—2001 是依据《建筑工程施工质量验收统一标准》GB 50300 和建筑工程质量验收标准，贯彻"验评分离，强化验收，完善手段，过程控制"十六字改革方针，将原来的《钢结构工程施工及验收规范》GB 50205—95 与《钢结构工程质量验收评定规范》GB 50205—95 修改合并而成新的《钢结构工程施工质量验收规范》，以此统一钢结构工程施工质量的验收方法、程序和指标。

《钢结构工程施工质量验收规范》GB 50205—2001 的适用范围包含建筑工程中的单层、多层、高层钢结构及钢网架、金属压型板等钢结构工程施工质量验收。组合结构、地下结构中的钢结构可参照《钢结构工程施工质量验收规范》GB 50205—2001 进行施工质量验收。对于其他行业标准没有包括的钢结构构筑物，如通廊、照明塔架、管道支架、跨线过桥等也可参照《钢结构工程施工质量验收规范》GB 50205—2001 进行施工质量验收。

钢结构工程施工中采用的工程技术文件、承包合同文件对施工质量验收的要求不得低于《钢结构工程施工质量验收规范》GB 50205—2001 的规定。

1.3.2 《建筑工程施工质量验收统一标准》GB 50300

《建筑工程施工质量验收统一标准》（以下简称《统一标准》）是根据《关于印发一九九八年工程建设国家标准制订、修订计划（第二批）的通知》的要求，由中国建筑科学研究院会同中国建筑业协会工程建设质量监督分会等单位共同编制完成的。

《统一标准》在编制过程中进行广泛的调查研究，总结了我国建筑工程施工质量验收的实践经验，坚持了"验评分离、强化验收、完善手段、过程控制"的指导思想，并广泛征求了有关单位的意见，与 2000 年 10 月进行定稿。

《统一标准》将有关建筑工程的施工及验收规范和工程质量检验评定标准合并，组成新的工程质量验收规范体系，以统一建筑工程施工质量的验收方法、质量标准和程序。标准规定了建筑工程各专业工程施工验收规范编制的统一准则和单位工程验收质量标准、内容和程序；增加了建筑工程施工质量验收中子单位和子分部工程的划分，涉及建造工程安全和主要使用功能的见证取样及抽样检验。建筑工程各专业工程施工质量验收规范必须与本标准配合使用。

1.3.3 《网架结构设计与施工规程》JGJ 7—91

本标准是根据原城乡建设环境保护部（86）城科字第 263 号文的要求，由中国建筑科学研究院会同浙江大学主编的《网架结构设计与施工规程》，业经审查，现批准为行业标准，编号 JGJ 7—91，自 1992 年 4 月 1 日起施行。

本标准是为了在网架结构的设计与施工中，做到技术先进、经济合理、安全适用、确保质量特制定本规程。

本标准适用于工业与民用建筑屋盖及楼层的平板型网架结构（简称网架结构），其中屋盖跨度不宜大于 120m，楼层跨度不宜大于 40m。

本标准是遵照国家标准《建筑结构设计统一标准》GBJ 68—84、《建筑结构设计通用符号、计算单位和基本术语》GBJ 83—85、《建筑结构荷载规范》GBJ 9—87、《建筑抗震设计规范》GBJ 11—89、《钢结构设计规范》GBJ 17—88、《冷弯薄壁型钢结构技术规范》

GBJ 18—87 和《钢结构工程施工及验收规范》GBJ 205，结合网架结构的特点而编制的。在设计与施工中除符合本规程的要求外，尚应遵守《网架结构工程质量检验评定标准》JGJ 78—91 及其他有关规范的规定。

本标准对受高温或强烈腐蚀等作用、有防火要求的网架结构，或承受动力荷载的楼层网架结构，应符合现行有关专门规范或规程的要求。直接承受中级或重级工作制的悬挂吊车荷载并需进行疲劳验算的网架结构，其疲劳强度及构造应经过专门的试验确定。

本标准中网架的选型和构造应综合考虑材料供应和施工条件与制作安装方法，以取得良好的技术经济效果。网架结构中的杆件和节点，宜减少规格类型，以便于制作安装。

1.3.4 《建筑钢结构防火技术规范》CECS 200：2006

本规范根据中国工程建设标准化协会（2002）建标协字第 33 号文《关于印发中国工程建设标准化协会 2002 年第二批标准制、修订项目计划的通知》的要求，制定本规范。

本规范是在我国系统科学研究和大量工程实践的基础上，参考国外现行钢结构防火标准，经广泛征求国内相关单位的意见以及英国、新加坡和香港专家的意见后完成编制的。

根据国家计委计标【1986】1649 号文《关于请中国工程建设标准化委员会负责组织推荐性工程建设标准试点工作的通知》的要求，现批准发布协会标准《建筑钢结构防火技术规范》，编号为 CECS200：2006，推荐给工程建设设计、施工和使用单位采用。

本规范由中国工程建设标准化协会钢结构专业委员会 CECS/TC1 归口管理，由同济大学土木工程学院负责解释及相关单位参编完成。

本规范的主要内容是为防止和减小建筑钢结构的火灾危害，保护人身和财产安全，经济、合理地进行钢结构抗火设计和采取防火保护措施，制定本规范。

本规范适用于新建、扩建和改建的建筑钢结构和组合结构的抗火设计和防火保护。

本规范是以火灾高温下钢结构的承载能力极限状态为基础，根据概率极限状态设计法的原则指定的。

建筑钢结构的防火设计和防火保护，除应符合本规范的规定外，尚应符合我国现行有关标准的规定。

1.3.5 《建筑钢结构焊接技术规程》JGJ 81—2002

根据建设部建标[1999]309 号文的要求，本规程编制组经广泛调查研究，认真总结实践经验，参考有关国际标准和国外先进标准，并在广泛征求意见的基础上，对《建筑钢结构焊接规程》(JGJ 81—91)进行了全面修订，制定了本规程。

本规程的主要技术内容是：1 总则；2 基本规定；3 材料；4 焊接节点构造；5 焊接工艺评定；6 焊接工艺；7 焊接质量检查；8 焊接补强与加固；9 焊工考试。

本次修订的主要技术内容是：

第一章总则，扩充了适用范围，明确了建筑钢结构板厚下限、类型和适用的焊接方法。

第二章基本规定，是新增加的内容。明确规定了建筑钢结构焊接施工难易程度区分原则、制作与安装单位资质要求、有关人员资格职责和质量保证体系等。

第三章材料，取消了常用钢材及焊条、焊丝、焊剂选配表和钢材碳当量限制，增加了钢材和焊材复验要求、焊材及气体应符合的国家标准、钢板厚度方向性能要求等。

第四章焊接节点构造，增加了不同焊接方法焊接坡口的形状和尺寸、管结构各种接头形式与坡口要求、防止板材产生层状撕裂的节点形式、构件制作与工地安装焊接节点形式、承受动载与抗震焊接节点形式以及组焊构件焊接节点的一般规定，并对焊缝的计算厚度作了修订。

第五章焊接工艺评定，对焊接工艺评定规则、试件试样的制备、试验与检验等内容进行了全面扩充、增加了焊接工艺评定的一般规定和重新进行焊接工艺评定的规定。

第六章焊接工艺，取消了各种焊接方法工艺参数参照表，增加了焊接工艺的一般规定、各种焊接方法选配焊接材料示例、焊接预热、后热及焊后消除应力要求、防止层状撕裂和控制焊接变形的工艺措施。

第七章焊接质量检查，对焊缝外观质量合格标准、不同形式焊缝外形尺寸允许偏差及无损检测要求进行了修订，增加了焊接检验批的划分规定、圆管T、K、Y节点的焊缝超声波探伤方法和缺陷分级标准以及箱形构件隔板电渣焊焊缝焊透宽度的超声波检测方法。

第八章焊接补强与加固，对钢结构的焊接与补强加固方法作了修订和补充，增加了钢结构受气相腐蚀作用时其钢材强度计算方法、负荷状态下焊缝补强与加固的规定、承受动荷载构件名义应力与钢材强度设计值之比 β 的规定、考虑焊接瞬时受热造成构件局部力学性能降低及采取相应安全措施的规定和焊缝强度折减系数等内容。

第九章焊工考试，修订了考试内容和分类，在焊工手工操作技能考试方面，增加了附加考试和定位焊考试。

本规程由建设部负责管理和对强制性条文的解释，由主编单位中冶集团建筑研究总院负责具体技术内容的解释。

2 钢结构工程质量保证体系

质量保证体系是为使人们确信某种产品或某项服务能满足设定的质量要求所必需的全部有计划、有系统的活动。质量保证体系通过对那些影响设计或是使用规范性的要素进行连续评价,并对建筑、安装、检验等工作进行检查,以取得用户的信任,并提供证据。

因此,质量保证体系是企业内部的一种管理手段,在合同环境中,质量保证体系是施工单位取得建设单位信任的手段。

2.1 政府及社会工程质量保证体系

政府监督是钢结构工程质量保证体系中极其重要的质量监督环节之一,是政府部门强化对工程质量管理的具体体现。从中央到地方通过授权或认可制度,建立各级从事审核、鉴定、监督和检测工作的机构,对工程的规划、设计、施工和各类工程上使用的材料、设备等进行监督、检查及评定,实施有权威的第三方认证。

在这种形势下,1983年我国开始实行政府对工程质量监督的制度。1984年9月,国务院颁发《关于改革建筑业和基本建设管理体制若干问题的暂行规定》,明确提出了建立有权威的政府工程质量监督机构。

各级质监站为独立核算的事业单位,隶属同级政府建设主管部门,业务上受上一级质监站指导。

各级质监站要按监督工程范围配备质量监督人员,其岗位分为监督工程师和监督员,直接从事工程质量监督。

(1) 强制性。政府的管理行为象征着国家机器的运转,国家机构的管理职能是通过授权来实现的。因此,政府实施的管理监督行为,对于被管理者、被监督者来说,只能是强制性的、必须接受的。

(2) 执法性。政府监督主要依据国家法律、法规、方针、政策和国家部委颁布的技术规范、标准进行监督,并严格遵照有关规定的监督程序行使监督、检查、许可、纠正、强制执行等权力。监督人员每一个具体的监督行为都要有充分的依据,带有明显的执法性,显著区别于通常的行政领导和行政指挥等一般性的行政管理行为。

(3) 全面性。政府监督针对整个工程建设活动,就管理空间来说,覆盖了整个社会,就一个工程项目的建设过程来说,则贯穿于工程建设的全过程。但在我国,工程建设的决策咨询、施工监理等不同阶段的监督管理则是由我国不同的政府职能部门分别负责共同完成的。

(4) 宏观性。政府监督侧重于宏观的社会效益,主要保证工程建设行为的规范性,维护社会公众的利益和工程建设各参与者的合法权益。对一项具体的工程建设来说,政府监督不同于后述的监理工程师的直接、连续、不间断的监理。

2.2 企业工程质量保证体系

企业质量保证体系是企业以保证和提高产品质量为目标，运用系统的概念和方法，把企业各部门各环节的质量管理职能和活动合理地组织起来，形成一个有明确任务、职责和权限，而又相互协调、相互促进的有机整体。企业建立健全质量保证体系，必须做好以下几个方面工作：

（1）要重视质量教育和技术培训工作，提高全体员工的质量意识和技术素质。

（2）要建立健全专职质量管理机构，明确责任分工，上下形成完整的质量管理组织体系。

（3）要严明质量管理制度，实现作业标准化，流程程序化。

（4）要完善信息反馈体系，运用科学的质量管理方法，来进行生产经营中的各项质量管理活动。以上这些工作均是企业建立健全质量保证体系的基本工作，对于建筑施工企业来说，无疑也是提高工程质量的前提和保障。

目前，有一部分企业质量保证体系及运行情况不尽如人意，个别的甚至是形同虚设，流于形式。主要表现在以下几方面：

1）企业资质名不符实，队伍挂靠，人员临时聘用及兼职现象较为严重。

2）一线工人几乎全是农民临时工，技术素质参差不齐，质量意识淡薄。

3）企业及项目部管理层（尤其是项目经理）的质量意识有待提高，很少听说施工单位质检员严格检查、坚持原则会受到表扬和嘉奖，相反会受到不应有的压力。

4）部分企业对项目部在质量管理职能上力度不够，甚至有以包代管现象。

5）项目部内部管理粗放、涣散、制度不落实，责任不明确，自检不到位。

6）故意以次充好、偷工减料、弄虚作假的行为并非罕见。

7）时常出现不严格按规范施工，不认真按标准评定的现象。

8）某些质量通病多年不能根除，已成为顽疾，充分说明了某些施工单位质量自控能力不足。

9）TQC工作做表面文章，形式主义较为严重。

10）自律和信誉意识淡漠等。

以上这些情况已经严重影响了建设工程的质量，同时也为监理工作的开展增加了难度，并且极大地影响了监理工作的成效。因此，必须把督促施工单位建立健全质量保证体系放到重要位置，督促施工单位建立健全质量保证体系，符合我国《建筑法》、《建设工程质量管理条例》、《工程建设监理规定》及其他工程建设法规的精神。ISO9000族质量管理和质量保证标准对于建筑施工企业来说，更是对其质量保证体系作出的更加科学严密，更加全面具体的要求。它的基本思想就是要求企业建立健全质量保证体系，完善内部质量管理，为提高产品质量提供保证条件，为顾客提供足够的信任度。一个企业的质量体系，对内为质量管理体系，对顾客则为质量保证体系。我国等同采用该标准，对建筑行业来说，无疑在提高工程质量及与世界建筑市场接轨方面具有重要意义。

2.3 项目工程质量保证体系

工程项目的质量保证体系就是以控制和保证施工产品质量为目标，从施工准备、施工操作到竣工投产的全过程，运用系统的概念和方法，在全体人员的参与下，建立一套严密、协调、高效的全方位的管理体系。从而使工程项目质量管理制度化、标准化，其内容主要包括以下几个方面。

(1) 项目质量目标

项目质量保证体系，必须有明确的质量目标，并符合质量总目标的要求。以工程承包合同为基本依据，逐级分解目标以形成在合同环境下的项目质量保证体系的各级质量目标。项目质量目标的分解主要从两个角度展开，即：从时间角度展开实施全过程的控制和从空间角度展开实现全方位和全员的质量目标管理。

(2) 项目施工质量计划

项目质量保证体系应有可行的质量计划。质量计划应根据企业的质量手册和项目质量目标来编制。工程项目质量计划可以按内容分为：质量工作计划和质量成本计划。

质量工作计划主要包括：质量目标的具体描述和定量描述整个项目建设质量形成的各工作环节的责任、权限；采用的特定程序、方法和工作指导书；重要工序（工作）的试验、检验、验证和审核大纲；质量计划修订程序；为达到质量目标所采取的其他措施。

质量成本计划是规定最佳质量成本水平的费用计划，是开展质量成本管理的基准。质量成本可分为运行质量成本和外部质量保证成本。运行质量成本是为运行质量体系达到和保持规定的质量水平所支付的费用，包括预防成本、鉴定成本、内部损失成本和外部损失成本。外部质量保证成本是指依据合同要求向顾客提供所需要的客观证据所支付的费用，包括特许的和附加的质量保证措施、程序、数据、证实试验和评定费用。

(3) 思想保证体系

用全面质量管理的思想、观点和方法，使全体人员真正树立起强烈的质量意识。通过树立"质量第一"的观点，增强质量意思，树立"一切为用户服务"的观点，以达到提高施工质量的目的。

(4) 组织保证体系

工程质量是各项管理的综合反映，也是管理水平的具体体现。必须建立健全各级组织，分工负责，做到以预防为主，预防与检查相结合，形成一个有明确任务、职责、权限、相互协调和互相促进的有机整体。组织保证体系主要通过成立质量管理小组（QC小组）；健全各种规章制度；明确规定各职能部门主管人员和参与施工人员，在保证和提高工程质量中所承担的任务、职责和权限；建立质量信息系统等内容构成。

(5) 工作保证体系

主要通过以下三个阶段进行。

1) 施工准备阶段的质量控制。施工准备阶段是整个工程建设的基础，准备工作的好坏，不仅直接关系到工程建设能否高速、优质地完成，而且也对工程质量起着一定的预防、预控作用。

2）施工阶段的质量控制。施工过程是建筑产品形成的过程，这个阶段的质量控制是非常关键的。为保证工程质量，应加强工序管理，建立质量检查制度，开展群众性的QC活动，建立内控标准，以确保施工阶段的工程质量。

3）竣工验收阶段的质量控制。产品竣工验收是指单位工程或单项工程完全竣工，移交给建设单位。同时，还指分部、分项工程中某一道工序完成，移交给下一道施工工序。这一阶段主要应作好成品保护，加强工序联系，不断改进措施，建立回访制度等工作。

3 钢结构工程质量控制

3.1 钢结构工程的质量特点

钢结构工程的施工过程，就是最终产品质量的形成过程，所以，施工阶段的质量控制是钢结构工程项目质量控制的重点。

钢结构工程项目的施工，由于其涉及的面广，是一个极其复杂的综合过程，再加上工程项目位置固定、施工流动、结构类型不一、质量要求不一、施工工艺不一、体形不一、整体性很强、产品手工作业较多、允许偏差较小、从制造到安装结束的施工一般都要有一定的周期和安装施工时受自然条件的影响等特点，因此，钢结构工程项目的质量比一般工业产品的质量更难以控制。正是因为上述特点而产生了钢结构工程项目质量本身难以控制的特点，其主要表现在以下几个方面：

（1）质量受影响的面广。例如设计、材料、机械、气象、施工工艺、操作方法、操作技能、技术措施、管理制度等方面都直接影响钢结构工程项目的施工质量。

（2）质量容易产生波动。因为钢结构工程项目施工不像其他产品生产，有相对固定的生产自动流水线，有规范化的生产工艺和完善的检测技术，有成套的生产设备和稳定的生产环境，有相同系列规格和相同功能的产品；同时，由于影响施工质量的偶然性因素和系统性因素都较多，如材料差异、焊接电压电流变化、操作环境的改变、仪表失灵等均会引起质量的波动，产生质量事故。

（3）容易产生第一、二判断错误。钢结构工程项目在制作安装过程中，由于工序较多，有一定量的隐蔽工程，有些有一定时间性，若不及时检查实物，事后再看表面，就容易将不合格的产品，判为合格的产品。产生第二判断错误，也会产生第一判断错误，也就是将合格产品判为不合格产品。例高强度螺栓终拧后的检查工作。

（4）竣工检查时不能解体、拆卸。钢结构工程项目建成后，一般不可能像某些产品那样，可以解体、拆卸后检查内在质量，或重新更换零件；其一般只作外观和无损检测，即使发现质量有问题，一般也不可能像其他产品那样实行"包换"。

所以，对钢结构工程质量更应加倍重视，严加控制；并必须将质量控制贯穿于项目施工的全过程中。

3.2 钢结构工程施工质量控制的过程

任何钢结构工程项目都应划分为钢结构制作项目和钢结构安装工程，其分别由分项工程、分部工程、制作项目（单位工程）所组成。而钢结构工程项目的施工，则是通过一道道工序来完成。所以，工程项目的质量控制是从工序质量到分项工程质量、分部工程质量、单位工程（制作项目）质量的系统控制过程（如图3-1所示），也就是一个从投入原材料的质量控制开始，直到完成工程质量检验评定为止的全过程的系统控制过程（如图3-2所示）。

根据钢结构工程项目质量形成的时间阶段,项目施工的质量控制又可分为事前质量控制、事中质量控制和事后质量控制,如图3-3所示。

根据上述分析,钢结构制作和安装企业在项目施工质量控制中应包括以下内容:

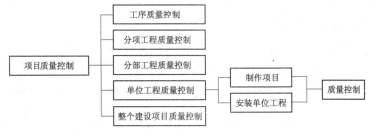

图3-1 钢结构工程项目质量控制过程

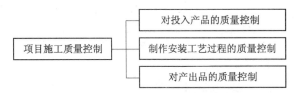

图3-2 钢结构工程施工质量控制过程

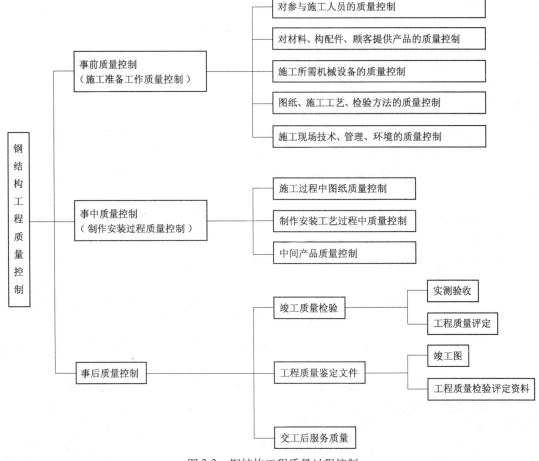

图3-3 钢结构工程质量过程控制

3.2.1 事前质量控制

事前质量控制是指在正式施工前进行的质量控制,其控制重点是做好施工准备工作,且施工准备工作要贯穿于施工全过程中。

1. 施工准备质量控制的范围

工程施工是一个物质生产活动,所以项目施工质量控制范围,应包括影响工程质量的五个主要方面,即要对4M1E质量因素进行全面的控制。4M1E质量因素是指人(Man)、材料(Material)、机械(Machine)、方法(Method)和环境(Environment),如图3-4所示。

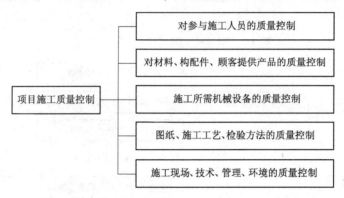

图 3-4 质量因素的全面控制

施工准备阶段质量控制范围就是要从上述五个方面进行工作,严格控制。

2. 施工准备质量控制的内容

(1) 制作项目

1)技术准备。包括熟悉和审查项目的施工图纸(包括施工图设计),制作要领书(工艺技术指导书)的编制和审查,编制项目施工图预算和施工预算等。

2)组织准备。包括制定施工计划、落实制作工艺流程的计划组合,对人员的培训和考核。

3)物资准备。包括原材料、构配件和外加工件的准备,设备、机具的准备,生产工艺、胎膜具的准备等。

4)现场准备。包括工作现场的划分,特殊的现场管理制度等。

(2) 安装工程

1)技术准备。包括熟悉和审查项目的施工图纸,了解施工现场自然条件、技术经济条件,编制项目施工图预算和施工预算,编制和审查项目施工组织设计等。

2)组织准备。包括建立项目组织机构,集结施工队伍,对施工队伍人员进行入场教育等。

3)物资准备。包括原材料、构配件等产品的进场和检查,施工机具准备等。

4)现场准备。包括生产、生活临时设施的准备,编制季节性施工措施,制定施工现场管理制度等。

3.2.2 事中质量控制

事中质量控制是指在施工过程中进行的质量控制。其控制策略是全面控制施工过程，重点控制工序质量。其具体措施是：工序交接有检查；质量预控有对策；施工项目有方案（技术文件）；技术措施有交底；图纸会审有记录；采购材料有预审；隐蔽部位有验收；计量校正有复核；产品检验有认证；不合格品有控制；产生原因有措施；行使质控有否决（如发生质量变异，隐蔽未经验收，质量问题未处理，擅自修改图纸，自行替代材料，无证上岗或未经资格审查的操作人员等，均应对质量予以否决）；质量文件有档案（凡是与质量有关的文件，如测量记录、图纸会审记录、材料合格证明、试验报告、施工记录、隐蔽部位记录、设计变更记录、竣工图等都要编目建档）。

3.2.3 事后质量控制

事后质量控制是指在完成施工过程形成产品的质量控制，其具体工作内容如下：
（1）准备竣工验收资料，组织自检和初步验收。
（2）按规定的质量评定标准和办法，对已完成的分项、分部工程，单位工程（制作项目）进行质量评定。
（3）组织竣工验收，其标准如下：按合同规定的内容和技术要求完成施工，质量达到国家质量标准和设计文件规定的技术要求，能满足生产和使用的要求；交工验收的工程内清外洁，将施工中残余的物料运离现场，拆除临时建（构）筑物，整洁2m以内地坪；技术档案资料齐全。

3.3 钢结构工程施工质量控制的要求和依据

3.3.1 钢结构工程施工质量控制的要求

根据钢结构工程项目的特点，在企业施工质量控制中，要求有关质控人员做到以下几点：
（1）坚持"以防为主"，重点进行事前质量控制，加强中间巡检，发现问题及时处理，找出不合格原因，落实纠正和预防措施，以达到防患于未然，把质量问题消除在萌芽状态。
（2）施工质量控制的工作范围、深度、采用工作方法，应根据不同项目和实际情况，事前编制质量控制要领书（检查指导书）。必要时，经顾客同意后，作为合同条件的组成内容，在施工中指导质量控制。
（3）质量控制人员在施工过程中既要坚持质量标准，严格检查，又要及时指正，热情帮教。在施工前，要参与制定施工方案的过程和审查，提出保证质量的技术措施，完善质量保证体系。
（4）在处理质量问题的过程中，应尊重事实、尊重科学、立场公正，不受上级、好友影响，以理服人，不怕得罪人，在工作中树立质控人员的权威。
（5）应注意掌握质量现状及发展动态，加强对不合格品的管理，促使整个施工全过程的作业和活动均处于受控状态。

3.3.2 钢结构工程施工质量控制的依据

施工质量控制，包括施工全过程质量控制和最终产品质量的控制。所以，施工质量控制的依据应体现以上两个部分质量控制的要求。

1. 施工全过程的质量控制

重点是对原材料、构配件、半成品、机械设备的质量控制和工序质量控制，除了共同的合同文件、设计图纸外，还有专门的技术性法规或其他规定。

（1）控制原材料、构配件、半成品质量的依据

1）有关产品技术标准。如各种钢板、型钢、管材、焊接材料、连接螺栓、涂料、防火材料、建筑五金和其他材料的产品标准。

2）有关试验、取样、方法的技术标准，如：《钢的成品化学成分允许偏差》GB/T 222，《钢铁及合金化学分析方法》GB/T 223，《钢及钢产品 力学性能试验取样位置及试样制备》GB/T 2975，《金属材料 室温拉伸试验方法》GB/T 228，《金属材料弯曲试验方法》GB/T 232，《金属材料夏比摆锤冲击试验方法》GB/T 229 等。

3）有关材料验收、包装、标志的技术标准。如：《钢铁产品牌号表示方法》GB/T 221，《钢板和钢带包装、标志及质量证明书的一般规定》GB/T 247，《型钢验收、包装、标志及质量证明书的一般规定》GB/T 2101，《钢管验收、包装、标志及质量证明书》GB/T 2102，等。

4）凡涉及新用材料时，应有权威的技术检验部门发布的关于其技术性能的鉴定书。

（2）工序质量控制的依据

1）有关钢结构制作安装的操作规程。如《钢结构制作操作规程》、《钢结构安装操作规程》。

2）有关施工工艺规范及验收规范，这是以分项、分部或某类实体工程为对象制定的为保证其质量的技术性规范。如：《钢结构工程施工质量验收规范》GB 50205，《气焊、焊条电弧焊、气体保护焊和高能束焊的推荐坡口》GB/T 985.1，《埋弧焊的推荐坡口》GB/T 985.2，《铝及铝合金气体保护焊的推荐坡口》GB/T 985.3，《复合钢的推荐坡口》GB/T 985.4，《钢结构制作工艺规程》DBJ08—216—95，《网架结构设计与施工规程》JGJ 7，《建筑钢结构焊接技术规程》JGJ 81，《塔桅钢结构施工及验收规范》CECS80：96。

3）凡属采用新工艺、新技术、新材料、新结构工程，事前应进行试验，在此基础上制定的施工工艺规程，应进行必要的技术鉴定。

2. 最终产品质量控制的依据

（1）最终产品检验规范和要求

钢结构产品最终检验和试验是全面考核产品的质量是否满足设计要求和合同要求的重要手段，因此，最终产品检验和试验必须满足以下两条要求：

1）必须满足图纸设计要求和合同规定的技术标准、技术要求。

2）必须达到有关技术标准所规定的允许偏差以内。目前，建筑工程钢结构技术标准主要有：《钢结构工程施工质量验收规范》GB 50205，《钢结构制作工艺规程》DBJ 08—

216—95，《网架结构设计与施工规程》JGJ 7—91，《塔桅钢结构施工及验收规范》CECS 80：96。

（2）最终产品质量评定依据

质量把关和保证工程质量的作用，最终由工程质量的等级确定来全面评价工程质量综合效果，衡量制造厂和安装单位的质量管理水平和施工质量水平。鉴于在同一尺度上进行验评的原则，钢结构工程最终产品质量评定工作时不考虑设计的特殊要求，合同规定的其他技术标准和要求（如选用国外标准与要求），而只是用国家和行业颁布的评定标准作为依据，开展评定工作。目前建筑钢结构工程主要评定技术标准有：《钢结构工程施工质量验收规范》GB 50205、《网架结构工程质量检验评定标准》JGJ 78—91。

3.4 钢结构工程施工质量控制方法

钢结构工程制作与安装单位如何在施工中实施质量控制，主要是通过各有关部门具有质控职能的专职和兼职人员在质量控制中履行自己的职责。其质量控制的方法主要是通过编制和审核有关技术文件、报告，通过现场过程检查和最终检验以及进行必要的试验等方式进行。

3.4.1 编制和审核有关技术文件、报告

对技术质量文件、报告的编制和审核，是对工程质量进行全面控制的重要手段，其具体内容如下：

1. 制作项目

（1）审核施工图、设计变更、修改图。

（2）试验和编制有关应用新工艺、新技术、新材料、新结构的技术鉴定书。

（3）编制和审核技术工艺文件（如制作要领书、技术指导书、涂装要领书、包装与运输要领书、工艺规程）及质量检验文件（如质量检查要领书、质量检查表式等）。

（4）对有关材料、半成品的质量检验报告、合格证明书的审核。

（5）及时反馈反映工序质量动态的统计资料或管理图表。

（6）及时处理有关工程项目质量事故，做好处理报告，提出合适的纠正与预防措施。

（7）做好产品验收交货资料。

2. 安装项目

（1）编制与审核施工方案和施工组织设计，确保工程质量有可靠的技术措施。

（2）审核正式开工报告，下达开工指令。

（3）审核进入施工现场各分包单位的技术资质证明文件、人员上岗资质证书。

（4）审核有关材料、成品、半成品的质量检验报告、材质证明书、试验报告。

（5）审核施工图、设计变更、修改图纸与通知、协议、指示。

（6）编制与试验有关应用新工艺、新技术、新材料、新结构的技术鉴定书。

（7）做好工序交接检查、分项分部工程质量检查报告。

（8）及时处理有关质量事故，做好处理报告，提出合适的纠正与预防措施。

(9) 及时反馈工序质量动态的统计资料或管理图表。
(10) 及时做好工程项目验收资料。

3.4.2 过程检查与最终检查

1. 检查内容

(1) 物资准备检查。对采购的材料，进场的钢构件，顾客提供的产品在外观、尺寸上是否满足技术质量标准，机具设备是否处于良好工作状态。

(2) 开工前检查。现场是否具备开工条件，开工后能否保证工程质量。

(3) 工序交接检查。对于重要工序或对工程质量有重大影响的工序，在自检互检的基础上，还要加强质检人员巡检和工序交接检查。

(4) 隐蔽工程检查。凡是隐蔽工程需质检人员认证后方能掩盖。安装现场此工作尚须经业主或监理认证。

(5) 跟踪监督检查。对施工难度较大的工程结构，或有特殊要求易产生质量问题的施工内容应进行随班跟踪监督检查。

(6) 对分项、分部工程完工后应在自行检查后，经监理人员认可，签署验收记录。

2. 检查的方法

检查方法分现场进行质量检查和试验检查。

(1) 现场质量检查

方法有目测法和实测法。

1) 目测法。目测检查法的手段，可以归纳为看、摸、敲、照四个字。

① 看。就是根据质量标准进行外观目测。如钢材外观质量，应是无裂缝、无结疤、无折叠、无麻纹、无气泡和无夹杂；施工工艺执行，应是施工顺序合理，工人操作正常，仪表指示正确；焊缝表面质量，应是无裂缝、无焊瘤、无飞溅、无咬边、夹渣、气孔、接头不良等，应达到施工质量验收规范的有关规定。

涂装施工质量，应是除锈达到设计和合同所规定的等级，涂后不得雨淋，漆膜表面应均匀、细致，无明显色差，无流挂、失光、起皱、针孔、气泡、脱落、脏物粘附、漏涂等。

② 摸。就是手感检查。主要适用于钢结构工程中的阴角，如钢构件的加劲板切角处的光洁度和该处焊接包角情况可通过手摸加以鉴别。

③ 敲。就是用工具进行声感检查。如钢结构工程中柱脚垫板是否垫实，高强度螺栓连接处是否密贴、打紧，均可采用敲击检查，通过声音的虚实确定是否紧贴。

④ 照。对于难以看到或光线较暗的部位，则可采用镜子反射或灯光照射的方法进行检查。

2) 实测法。实测检查法，就是通过实测数据与施工规范及评定标准所规定的允许偏差对照，来判别质量是否合格，实测检查法的手段，可以归纳为量、拉、测、塞四个字。

① 量。就是用钢卷尺、钢直尺、角尺、游标卡尺、焊缝检验尺等检查制作精度，量出安装偏差，量出焊缝外观尺寸。

② 拉。就是用拉线方法检查构件的弯曲、扭曲。

③ 测。就是用测量工具和计量仪器等检测轴线、标高、垂直度、焊缝内部质量、温

度、湿度、厚度等的偏差。

④ 塞。就是用塞尺、试孔器、弧形套模等进行检查。如用塞尺对高强度螺栓连接接触面间隙的检查，孔的通过率用试孔器进行检查，网架钢球用弧形套模进行检查。

（2）试验检查

试验检查是指必须通过试验手段，才能对质量进行判断的检查方法。如对需复验的钢材进行机械性能试验和化学分析、焊接工艺评定的试验、焊接拖带试板试验、高强度螺栓连接副试验、摩擦面的抗滑移系数试验等。

4 进场原材料及成品质量控制

钢结构工程材料用量大，品种、规格多，标准要求高。因此各种材料必须符合国家相关规定，这是控制钢结构工程质量的关键之一。本章从钢结构各分项工程实施现场的主要材料、零（部）件、成品件、标准件等产品的质量控制进行说明。

4.1 钢材

4.1.1 钢材的技术要求

建筑结构钢的含义是指用于建筑工程金属结构的钢材。我国建筑钢结构所用的钢材大致可归纳为碳素结构钢、低合金结构钢和热处理低合金钢等三大类。其相应的质量标准应符合表 4-1 的规定。

钢号与材料标准　　　　表 4-1

序 号	钢 号	材 料 标 准	
		标准名称	标准号
1	Q215A、Q235A、Q235B、Q235C	碳素结构钢	GB/T 700
2	Q345、Q390	低合金高强度结构钢	GB/T 1591
3	10、15、20、25、35、45	优质碳素结构钢	GB/T 699

建筑结构钢使用的型钢主要是热轧钢板和型钢，以及冷弯成形的薄壁型钢。在钢结构工程中所使用的热轧型钢主要有钢板（厚钢板、薄钢板、钢带）、工字钢（普通工字钢、轻型工字钢、宽翼缘工字钢）、槽钢（普通槽钢、轻型槽钢）、角钢（等边角钢、不等边角钢）、方钢、T 形钢、钢管（无缝钢管、焊接钢管）等。在钢结构工程中所使用的冷轧型钢主要有等边角钢、Z 形钢、槽钢、方钢管、圆钢管等。

4.1.2 钢材的质量控制

（1）钢结构所用的钢材、钢铸件的品种、规格、性能等应符合现行国家产品标准和设计要求。进口钢材产品的质量应符合设计和合同规定标准的要求。所有钢材进场后，监理人员首先要进行书面检查。

检查数量：钢材的书面检查要求做到全数检查。

检验方法：主要检查钢材的质量合格证明文件、中文标志及检验报告等。各种钢材无论品种、规格、性能如何都要求三证齐全。近些年，钢铸件在钢结构（特别是大跨度空间钢结构）中的应用逐渐增加，故对其规格和质量提出明确规定是完全必要的。另外，各国进口钢材标准不尽相同，所以规定对进口钢材应按设计和合同规定的标准验收。本条为强制性条文。

(2) 对属于下列情况之一的钢材，应进行抽样复验，其复验结果应符合现行国家产品标准和设计要求。

1) 国外进口钢材。
2) 钢材混批。
3) 板厚等于或大于 40mm，且设计有 Z 向性能要求的厚板。
4) 建筑结构安全等级为一级，大跨度钢结构中主要受力构件所采用的钢材。
5) 设计有复验要求的钢材。
6) 对质量有疑义的钢材。

检查数量：全数检查。

检验方法：检查复验报告。

在工程实际中，对于哪些钢材需要复验，以下规定了6种情况应进行复验，且应是见证取样、送样的试验项目。

1) 对国外进口的钢材，应进行抽样复验；当具有国家进出口质量检验部门的复验商检报告时，可以不再进行复验。
2) 由于钢材经过转运、调剂等方式供应到用户后容易产生混炉号，而钢材是按炉号和批号发材质合格证，因此对于混批的钢材应进行复验。
3) 厚钢板存在各向异性（X、Y、Z 三个方向的屈服点、抗拉强度、伸长率、冷弯、冲击值等各项指标，以 Z 向试验最差，尤其是塑性和冲击功值），因此当板厚等于或大于 40mm，且沿板厚方向受拉力时，应进行复验。
4) 对大跨度钢结构来说，弦杆或梁用钢板为主要受力构件，应进行复验。
5) 当设计提出对钢材的复验要求时，应进行复验。
6) 对质量有疑义主要是指：
① 对质量证明文件有疑义时的钢材；
② 质量证明文件不全的钢材；
③ 质量证明书中的项目少于设计要求的钢材。

(3) 钢结构所选用的钢板的厚度和允许偏差应满足设计文件和国家标准要求。

检查数量：每一品种、规格的钢板随机抽查 5 处。

检验方法：用游标卡尺进行量测。

(4) 型钢的规格尺寸及允许偏差应满足设计文件和国家标准要求。

检查数量：每一品种、规格的型钢随机抽查 5 处。

检验方法：用钢尺和游标卡尺进行量测。

钢板的厚度、型钢的规格尺寸是影响承载力的主要因素，进场验收时重要抽查钢板厚度和型钢规格尺寸是必要的。

(5) 钢材的表面外观质量除应符合国家现行有关标准的规定外，还应符合下列规定：

1) 当钢材的表面有锈蚀、麻点或划痕等缺陷时，其深度不得大于该钢材厚度负允许偏差值的 1/2。
2) 钢材表面的锈蚀等级应符合现行国家标准《涂装前钢材表面锈蚀等级和除锈等级》GB 8923 规定的 C 级及 C 级以上规定。
3) 钢材端边或断口处不应有分层、夹渣等缺陷。

检查数量：全数检查。
检验方法：观察检查。

由于许多钢材基本上是露天堆放，受风吹雨淋和污染空气的侵蚀，钢材表面会出现麻点和片状锈蚀，严重者不得使用，因此对钢材表面缺陷作了此规定。

4.2 焊接材料

4.2.1 材料的技术要求

焊接是现代钢结构的主要连接方法。优点是省工省料，构造简单，构件刚度大，施工方便。有手工电弧焊、埋弧焊、气体保护焊、栓焊等不同的焊接方法。由于焊接方法的不同，造成了焊接材料的多样性。为了保证每一个焊接接头的质量，必须对所用的各种焊接材料进行管理和验收，避免不合格的焊接材料在钢结构工程中的使用。

焊接材料分为手工焊接材料和自动焊接材料，其中自动焊接材料主要分为自动电渣焊用焊丝、二氧化碳气体保护焊用焊丝、焊剂等，而手工电焊条则分为以下九类：结构钢焊条、钼和铬钼耐热钢焊条、不锈钢焊条、堆钢焊条、低温钢焊条、铸铁焊条、镍及镍合金焊条、铜及铜合金焊条、铝及铝合金焊条。结构钢焊条主要用于各种结构钢工程的焊接。它分为碳钢结构焊条和低合金结构钢焊条。

钢结构工程所使用的焊接材料应符合表 4-2 的要求。

焊接材料国家标准 表 4-2

序号	标 准 名 称	标准号	序号	标 准 名 称	标准号
1	碳钢焊条	GB/T 5117	5	气体保护电弧焊用碳钢、低合金钢焊丝	GB/T 8110
2	低合金钢焊条	GB/T 5118	6	埋弧焊用碳钢焊丝和焊剂	GB/T 5293
3	熔化焊用焊丝	GB/T 14957	7	埋弧焊用低合金钢焊丝和焊剂	GB/T 12470
4	碳钢药芯焊丝	GB 10045	8	电弧螺柱焊用圆柱头焊钉	GB/T 10433

4.2.2 焊接材料的质量控制

（1）焊接材料应附有质量合格证明文件，其品种、规格、性能等应符合现行国家产品标准和设计要求。

检查数量：全数检查。
检验方法：检查焊接材料的质量合格证明文件、中文标志及检验报告等。

焊接材料对焊接质量的影响重大，因此，钢结构工程中所采用的焊接材料应按设计要求选用，同时产品应符合相应的国家现行标准要求。本条为强制性条文。

（2）重要钢结构采用的焊接材料应按照 GB/T 5118 的规定进行随机抽样复验，复验结果应符合现行国家产品标准和设计要求。"重要钢结构焊缝"是指：

1）建筑结构安全等级为一级的一、二级焊缝。
2）建筑结构安全等级为二级的一级焊缝。
3）大跨度结构中一级焊缝。

4）重级工作制吊车梁结构中一级焊缝。
5）设计要求。

检查数量：全数检查。

检验方法：检查复验报告。

（3）焊钉及焊接瓷环的规格、尺寸及偏差应符合现行国家标准《电弧螺柱焊用圆柱头焊钉》GB/T 10433 的规定。

检查数量：按数量抽查1%，且不应少于10套。

检验方法：用钢尺和游标卡尺进行量测。

（4）钢结构工程所使用的焊条外观不应有药皮脱落、焊芯生锈等缺陷；焊剂不应受潮结块。

检查数量：按数量抽查1%，且不应少于10包。

检验方法：观察检查。

焊条、焊剂保管不当，容易受潮，不仅影响操作的工艺性能，而且会对接头的理化性能造成不利影响。对于外观不符合要求的焊接材料，不得在工程中采用。

4.3 连接用紧固标准件

4.3.1 材料的技术要求

钢结构零部件的连接方式很多，一般有铆接、焊接、栓接三种，其中栓接分为普通螺栓连接和高强度螺栓连接。而自攻钉、拉铆钉、射钉、铆栓（机械型和化学试剂型）、地脚铆栓等紧固件也在钢结构中得到运用。

1. 铆接的规格和材质

铆接连接是将一端带有预制钉头的金属圆杆，插入被连接的零部件的孔中，利用铆钉机或压铆机铆合而成。

热铆钉有半圆头、平锥头、埋头（沉头）、半沉头铆钉等多种规格。铆钉的材料应有良好的塑性，通常采用专用钢材 ML2 和 ML3 等普通碳素钢制成。

2. 普通螺栓的种类和材质

常用的普通螺栓有六角螺栓、双头螺栓和地脚螺栓等。其分类、用途如下：

1）六角螺栓，按其头部支承面大小及安装位置尺寸分大六角头与六角头两种；按制造质量和产品等级则分为 A、B、C 三种，应符合现行国家标准《六角头螺栓》GB 5782 和《六角头螺栓 C 级》GB 5780 的规定。其中 A 级螺栓为精制螺栓，B 级螺栓为半精制螺栓。它们适用于拆装式结构或连接部位需传递较大剪力的重要结构。C 级螺栓是粗制螺栓，适用于钢结构安装中作临时固定使用。对于重要结构，采用 C 级螺栓时，应另加支柱件来承受剪力。

2）双头螺栓一般称为螺柱，多用于连接厚板和不便使用六角螺栓连接的地方，如混凝土屋架、屋面梁、悬挂单轨梁吊挂件等。

3）地脚螺栓分为一般地脚螺栓、直角地脚螺栓、锤头螺栓、锚固地脚螺栓四种。

4）钢结构用螺栓、螺柱一般用低碳钢、中碳钢、低合金钢制造。国家标准《紧固件机械性能》GB 3098.1~GB 3098.22 规定了各类螺栓、螺柱性能等级的适用钢材。

3. 高强度螺栓

（1）高强度螺栓连接形式

高强度螺栓是继铆接、焊接连接后发展起来的一种新型钢结构连接形式，它已发展成为当今钢结构连接的主要手段之一。高强度螺栓是用优质碳素钢或低合金钢材料制成的一种特殊螺栓，由于螺栓的强度高，故称高强度螺栓。高强度螺栓适用于大跨度工业与民用建筑结构、桥梁结构、重型起重机械及其他重要结构。按其受力状态分为三种：摩擦型高强度螺栓、承压型高强度螺栓和抗拉型高强度螺栓。

（2）高强度螺栓技术条件

1）钢结构用高强度大六角头螺栓。一个连接副由一个螺栓、一个螺母、二个垫圈组成，分为 8.8S 和 10.9S 两个等级。其螺栓规格应符合国家标准 GB 1228 的规定，螺母规格应符合 GB 1229 的规定，垫圈规格应符合 GB 1230 的规定，其材料性能等级和使用组合应符合国家标准 GB/T 1228、GB/T 1229、GB/T 1230、GB/T 1231 的规定。

2）钢结构用扭剪型高强度螺栓。一个连接副由一个螺栓、一个螺母、一个垫圈组成，我国现在常用的扭剪型高强度螺栓等级为 10.9S。其螺栓、螺母与垫圈形式与尺寸规格应符合国家标准 GB 3632 的规定。其材料性能等级应符合现行国家标准 GB 3632、GB 3633 的规定。

3）六角法兰面扭剪型高强度螺栓。一个连接副包括一个螺栓、一个螺母和一个垫圈组成，螺栓头部与大六角头螺栓一样为六角形，尾部有一个梅花卡头，与扭剪螺栓一样。其技术条件除连接副机械性能外，主要是紧固预拉力 P 值，扭矩系数（平均值）和标准偏差（≤0.010）。紧固方法可以采用扭剪型高强螺栓紧固法，也可用大六角头高强螺栓紧固法进行紧固。

4.3.2 连接用紧固标准件的质量控制

（1）钢结构连接用高强度大六角头螺栓连接副、扭剪型高强度螺栓连接副、钢网架用高强度螺栓、普通螺栓、铆钉、自攻钉、拉铆钉、射钉、锚栓（机械型和化学试剂型）、地脚锚栓等紧固标准件及螺母、垫圈等标准配件，其品种、规格、性能等应符合现行国家产品标准和设计要求。高强度大六角头螺栓连接副和扭剪型高强度螺栓连接副出厂时应分别随箱带有扭矩系数和紧固轴力（预拉力）的检验报告。

检查数量：全数检查。

检验方法：检查产品的质量合格证明文件、中文标志及检验报告等。

（2）高强度大六角头螺栓连接副应按《钢结构工程施工质量验收规范》GB 50205—2001 附录 B 的规定检验其扭矩系数，其检验结果应符合《钢结构工程施工质量验收规范》GB 50205—2001 附录 B 的规定。

检查数量：随机抽取，每批 8 套。

检验方法：检查复验报告。

（3）扭剪型高强度螺栓连接副应按《钢结构工程施工质量验收规范》GB 50205—2001 附录 B 的规定检验预拉力，其检验结果应符合《钢结构工程施工质量验收规范》GB 50205—2001 附录 B 的规定。

检查数量：随机抽取，每批 8 套。
检验方法：检查复验报告。
高强度大六角螺栓连接副的扭矩系数和扭剪型高强度螺栓连接副的紧固轴力（预拉力）是影响高强度螺栓连接质量最主要的因素，也是施工的重要依据，因此要求生产厂家在出厂前进行检验，且出具检验报告，施工单位应在使用前及产品质量保证期内及时复验，该复验应为见证取样、送样检验项目。本条为强制性条文。

（4）高强度螺栓连接副，应按包装箱配套供货，包装箱上应标明批号、规格、数量及生产日期。螺栓、螺母、垫圈外观表面应涂油保护，不应出现生锈和沾染赃物，螺纹不应损伤。
检查数量：按包装箱数抽查 5%，且不应少于 3 箱。
检验方法：观察检查。

（5）对建筑结构安全等级为一级，跨度 40m 及以上的螺栓球节点钢网架结构，其连接高强度螺栓应进行表面硬度试验，对 8.8 级的高强度螺栓其硬度应为 HRC21~29；10.9 级高强度螺栓其硬度应为 HRC32~36，且不得有裂纹或损伤。
检查数量：按规格抽查 8 只。
检验方法：硬度计、10 倍放大镜或磁粉探伤。

螺栓球节点钢网架结构中高强度螺栓，其抗拉强度是影响节点承载力的主要因素，表面硬度与其强度存在着一定的内在关系，要通过控制硬度，来保证螺栓的质量。

4.4 焊接球

4.4.1 材料的技术要求

当前我国空间结构中，钢网架结构发展、应用速度较快。钢网架结构以其工厂预制、现场安装、施工方便、节约劳动力等优点在不少场合取代了钢筋混凝土结构。钢网架材料主要有焊接球、螺栓球、杆件、支托、节点板、钢网架用高强度螺栓、封板、锥头、套筒等。

（1）网架结构杆件、支托、节点板、封板、锥头及套筒所用的钢管、型钢、钢板的材料应采用国家标准《碳素结构钢》GB 700 规定的 Q235 钢、《优质碳素结构钢技术条件》GB 699 规定的 20 号或 25 号钢、《低合金结构钢》GB 1591 规定的 16Mn 钢或 15MnV 钢。

（2）螺栓球节点球的钢材应采用国家标准《优质碳素结构钢技术条件》GB 699 规定的 45 号钢。

（3）焊接空心节点球的钢材应采用国家标准《碳素结构钢》GB 700 规定的 Q235B 钢或《低合金结构钢》GB 1591 规定的 16Mn 钢。

（4）网架用高强度螺栓应采用国家标准《钢结构用高强度大六角头螺栓》GB 1228 规定的性能等级 8.8S 或 10.9S，并符合国家标准《钢网架螺栓球节点用高强度螺栓》GB/T 16939 的规定。

4.4.2 焊接球的质量控制

（1）焊接球及制造焊接球所采用的原材料，其品种、规格、性能等应符合现行国家产品标准和设计要求。

检查数量：全数检查。

检验方法：检查产品的质量合格证明文件、中文标志及检验报告等。

（2）焊接球焊缝应进行无损检验，其质量应符合设计要求，当设计无要求时应符合《钢结构工程施工质量验收规范》GB 50205—2001 中规定的二级质量标准。

检查数量：每一规格按数量抽查5%，且不应少于3个。

检验方法：超声波探伤或检查检验报告。

（3）焊接球直径、圆度、壁厚减薄量等尺寸及允许偏差应符合《钢结构工程施工质量验收规范》GB 50205—2001 的规定。

检查数量：每一规格按数量抽查5%，且不应少于3个。

检验方法：用卡尺和测厚仪检查。

（4）焊接球表面应无明显波纹及局部凹凸不平不大于1.5mm。

检查数量：每一规格按数量抽查5%，且不应少于3个。

检验方法：用弧形套模、卡尺和观察检查。

本节是指将焊接空心球作为产品看待，在进场时所进行验收项目。焊接球焊接检验应按国家现行标准《钢结构超声波探伤及质量分级法》JG/T 203 执行。

4.5 螺栓球

螺栓球的质量控制如下：

（1）螺栓球及制造螺栓球节点所采用的原材料，其品种、规格、性能等应符合现行国家产品标志和设计要求。

检查数量：全数检查。

检验方法：检查产品的质量合格证明文件、中文标志及检验报告等。

（2）螺栓球不得有过烧、裂纹及褶皱。

检查数量：每种规格抽查5%，且不应少于5只。

检验方法：用10倍放大镜观察和表面探伤。

（3）螺栓球螺纹尺寸应符合现行国家标准《普通螺纹 基本尺寸》GB/T 196 中粗牙螺纹的规定，螺纹公差必须符合现行国家标准《普通螺纹 公差》GB/T 197 中 6H 级精度的规定。

检查数量：每种规格抽查5%，且不应少于5只。

检验方法：用标准螺纹规。

（4）螺栓球直径、圆度、相邻两螺栓孔中心线夹角等尺寸及允许偏差应符合《钢结构工程施工质量验收规范》GB 50205—2001 的规定。

检查数量：每种规格抽查5%，且不应少于3只。

检验方法：用卡尺和分度头仪检查。

本节是指将螺栓球节点作为产品看待，在进场时所进行的验收项目。在实际工程中，螺栓球节点本身的质量问题比较严重，特别是表面裂纹比较普遍，因此检查螺栓球表面裂纹是本节的重点。

4.6 封板、锥头和套筒

封板、锥头和套筒的质量控制如下：

（1）封板、锥头和套筒及制造封板、锥头和套筒所采用的原材料，其品种、规格、性能等应符合现行国家产品标准和设计要求。

检查数量：全数检查。

检验方法：检查产品的质量合格证明文件、中文标志及检验报告等。

（2）封板、锥头、套筒外观不得有裂纹、过烧及氧化皮。

检查数量：每种规格抽查5%，且不应少于10只。

检验方法：用放大镜观察检查和表面探伤。

本节将螺栓球节点钢网架中的封板、锥头、套筒视为产品，在进场时所进行的验收项目。

4.7 金属压型板

金属压型板的质量控制如下：

（1）金属压型板及制造金属压型板所采用的原材料，其品种、规格、性能等应符合现行国家产品标准和设计要求。

检查数量：全数检查。

检验方法：检查产品的质量合格证明文件、中文标志及检验报告等。

（2）压型金属泛水板、包角板和零配件的品种、规格以及防水密封材料的性能应符合现行国家产品标准和设计要求。

检查数量：全数检查。

检验方法：检查产品的质量合格证明文件、中文标志及检验报告等。

（3）压型金属板的规格尺寸及允许偏差、表面质量、涂层质量等应符合设计要求和《钢结构工程施工质量验收规范》GB 50205—2001 的规定。

检查数量：每种规格抽查5%，且不应少于3件。

检验方法：观察和用10倍放大镜检查及尺量。

本节将金属压型板系统产品视为成品，金属压型板包括单层压型金属板、保温板、扣板等屋面、墙面围护板材零配件。这些产品在进场时，均应按本节要求进行验收。

4.8 涂装材料

4.8.1 材料的技术要求

（1）防腐涂料的分类

我国涂料产品按现行国家标准《涂料产品分类和命名》GB/T 2705 的规定，分为17

类，它们的代号见表4-3。

涂料类别代号 　　　　　　　　　表4-3

代号	涂料类别	代号	涂料类别
Y	油脂漆类	X	烯烃树脂漆类
T	天然树脂漆类	B	丙烯酸漆类
F	酚醛树脂漆类	Z	聚酯树脂漆类
L	沥青漆类	S	聚氨酯漆类
C	醇酸树脂漆类	H	环氧树脂漆类
A	氨基树脂漆类	W	元素有机聚合物漆类
Q	硝基漆类	J	橡胶漆类
M	纤维素漆类	E	其他漆类
G	过氯乙烯漆类		

建筑钢结构工程常用的一般涂料是油改性系列、酚醛系列、醇酸系列、环氧系列、氯化橡胶系列、沥青系列、聚氨酯系列等。

（2）防火涂料的分类

钢结构防火涂料施涂于建筑物及构筑物的钢结构表面，能形成耐火隔热保护层以提高钢结构耐火极限的涂料。钢结构防火涂料按其涂层厚度及性能特点分为以下两类：

1）B类。薄涂型钢结构防火涂料，涂层厚度一般为2~7mm，有一定装饰效果，高温时膨胀增厚耐火隔热，耐火极限可达0.5~1.5h。又称为钢结构膨胀防火涂料。

2）H类。厚涂型钢结构防火涂料，涂层厚度一般为8~50mm，粒状表面，密度较小，导热率低，耐火极限可达0.5~3.0h。又称为钢结构防火隔热涂料。

4.8.2 涂装材料的质量控制

（1）钢结构防腐涂料、稀释剂和固化剂等材料的品种、规格、性能等符合现行国家产品标准和设计要求。

检查数量：全数检查。

检验方法：检查产品的质量合格证明文件、中文标志及检验报告等。

（2）防腐涂料和防火涂料的型号、名称、颜色及有效期应与其质量证明文件相符。开启后，不应存在结皮、结块、凝胶等现象。

检查数量：每种规格抽查5%，且不应少于3桶。

检验方法：观察检查。

涂料的进场验收除检查资料文件外，还要开桶抽查。开桶抽查除检查涂料结皮、结块、凝胶等现象外，还要与质量证明文件对照涂料的型号、名称、颜色及有效期等。

4.9 其他

4.9.1 其他材料的质量控制

钢结构工程所涉及的其他材料原则上都要通过进场验收检验。

（1）钢结构用橡胶垫的品种、规格、性能等应符合现行国家产品标准和设计要求。

检查数量：全数检查。

检验方法：检查产品的质量合格证明文件、中文标志及检验报告等。

（2）钢结构工程所涉及的其他特殊材料，其品种、规格、性能等应符合现行国家产品标准和设计要求。

检查数量：全数检查。

检验方法：检查产品的质量合格证明文件、中文标志及检验报告等。

4.9.2 材料质量控制常用标准

钢结构材料质量控制标准见表 4-4 ~ 表 4-9。

常见钢材产品标准　　　　　　　　　　　　　　　　　表 4-4

标 准 号	标 准 名 称
GB/T 699	优质碳素结构钢
GB/T 700	碳素结构钢
GB/T 1591	低合金高强度结构钢
GB/T 3077	合金结构钢
GB/T 4171	耐候结构钢
GB/T 5313	厚度方向性能钢板
GB/T 19879	建筑结构用钢板
GB/T 247	钢板和钢带包装、标志及质量证明书的一般规定
GB/T 708	冷轧钢板和钢带的尺寸、外形、重量及允许偏差
GB/T 709	热轧钢板和钢带的尺寸、外形、重量及允许偏差
GB/T 912	碳素结构钢和低合金结构钢热轧薄钢板和钢带
GB/T 3274	碳素结构钢和低合金结构钢热轧厚钢板和钢带
GB/T 3277	花纹钢板
GB/T 14977	热轧钢板表面质量的一般要求
GB/T 17505	钢及钢产品交货一般技术要求
GB/T 2101	型钢验收、包装、标志及质量证明书的一般规定
GB/T 11263	热轧 H 型钢和剖分 T 型钢
GB/T 706	热轧型
GB/T 8162	结构用无缝钢管
GB/T 13793	直缝电焊钢管
GB/T 17395	无缝钢管尺寸、外形、重量及允许偏差
GB/T 6728	结构用冷弯空心型钢尺寸、外形、重量及允许偏差
GB/T 12755	建筑用压型钢板
GB 8918	重要用途钢丝绳
YB/T 152	高强度低松弛预应力热镀锌钢绞线
YB/T 5004	镀锌钢绞线
GB/T 5224	预应力混凝土用钢铰线
GB/T 17101	桥梁缆索用热镀锌钢丝
CJ/T 297	桥梁缆索用高密度聚乙烯护套料
GB/T 20934	钢拉杆

焊接材料标准

表 4-5

标 准 号	标 准 名 称
GB/T 5117	碳钢焊条
GB/T 5118	低合金钢焊条
GB/T 14957	熔化焊用钢丝
GB/T 8110	气体保护电弧焊用碳钢、低合金钢焊丝
GB/T 10045	碳钢药芯焊丝
GB/T 17493	低合金钢药芯焊丝
GB/T 5293	埋弧焊用碳钢焊丝和焊剂
GB/T 12470	埋弧焊用低合金钢焊丝和焊剂
GB 10432	无头焊钉
GB/T 10433	电弧螺柱焊用圆柱头焊钉

焊接切割用气体标准

表 4-6

标 准 号	标 准 名 称
GB/T 4842	氩
GB/T 6052	工业液体二氧化碳
HG/T 2537	焊接用二氧化碳
GB 16912	深度冷冻法生产氧气及相关气体安全技术规程
GB 6819	溶解乙炔
HG/T 3661	焊接切割用燃气
GB/T 13097	工业用环氧氯丙烷

钢结构连接用紧固件标准

表 4-7

标 准 号	标 准 名 称
GB/T 5780	六角头螺栓　C级
GB/T 5781	六角头螺栓　全螺纹　C级
GB/T 5782	六角头螺栓
GB/T 5783	六角头螺栓　全螺纹
GB/T 1228	钢结构用高强度大六角头螺栓
GB/T 1229	钢结构用高强度大六角螺母
GB/T 1230	钢结构用高强度垫圈
GB/T 1231	钢结构用高强度大六角头螺栓、大六角螺母、垫圈技术条件
GB/T 3632	钢结构用扭剪型高强度螺栓连接副
GB 3098.1	紧固件机械性能　螺栓、螺钉和螺柱

钢铸件标准

表 4-8

标 准 号	标 准 名 称
GB/T 11352	一般工程用铸造碳钢件
GB/T 7659	焊接结构用碳素钢铸件

常见钢材试验标准   表 4-9

标 准 号	标 准 名 称
GB/T 2975	钢及钢产品　力学性能试验取样位置及试样制备
GB/T 228	金属材料　室温拉伸试验方法
GB/T 229	金属材料　夏比摆锤冲击试验方法
GB/T 232	金属材料　弯曲试验方法
GB/T 20066	钢和铁　化学成分测定用试样的取样和制样方法
GB/T 222	钢的成品化学成分允许偏差
GB/T 223	钢铁及合金化学分析方法

5 钢结构焊接工程质量控制

在钢结构工程中，常将两个或两个以上的零部件，按一定形式和位置连接在一起。这些连接可分为两大类：一类是可拆卸的连接（紧固件连接），另一类是永久性不可拆卸的连接（焊接连接）

由于焊接技术的迅速发展，使它具有节省金属材料，减轻结构重量，简化加工和装配工序，接头密封性能好，能承受高压，容易实现机械化和自动化生产，缩短建设工期，提高生产效率等一系列优点，焊接连接在普通钢结构和高层钢结构建筑工程中所占的比例越来越高，因此，提高焊接质量成了至关重要的问题。

5.1 一般规定

5.1.1 焊接准备的一般规定

（1）从事钢结构各种焊接工作的焊工，应按现行行业标准《建筑钢结构焊接技术规程》JGJ 81 的规定，经考试并取得合格证后，方可进行操作。

（2）钢结构中首次采用的钢种、焊接材料、接头形式、坡口形式及工艺方法，应按照《建筑钢结构焊接技术规程》JGJ 81 和《钢制压力容器焊接工艺评定》JB 4708 的规定进行焊接工艺评定，其评定结果应符合设计要求。

（3）焊接材料的选择应与母材的机械性能相匹配。对低碳钢一般按焊接金属与母材等强度的原则选择焊接材料；对低合金高强度结构钢一般应使焊缝金属与母材等强或略高于母材，但不应高出 50MPa，同时，焊缝金属必须具有优良的塑性、韧性和抗裂性；当不同强度等级的钢材焊接时，宜采用与低强度钢材相适应的焊接材料。

（4）焊条、焊剂、电渣焊的熔化嘴和栓钉焊保护瓷圈，使用前应按技术说明书规定的烘焙时间进行烘焙，然后转入保温。低氢型焊条经烘焙后放入保温筒内随用随取。

（5）母材的焊接坡口及两侧 30~50mm 范围内，在焊前必须彻底清除氧化皮、熔渣、锈斑、油污、涂料、灰尘、水分等影响焊接质量的杂质。

（6）构件的定位焊的长度和间距，应视母材的厚度、结构形式和约束度来确定。

（7）钢结构的焊接，应视钢种、板厚、接头的拘束度和焊缝金属中的含氢量等因素，钢材的强度及所用的焊接方法来确定合适的预热温度和方法。

碳素结构钢厚度大于 50mm、低合金高强度结构钢厚度大于 36mm，其焊接前预热温度宜控制在 100~150℃。预热区在焊道两侧，其宽度各为焊件厚度的 2 倍以上，且不应小于 100mm。

合同、图纸或技术条件有要求时，焊接应作焊后处理。

（8）因降雨、雪等使母材表面潮湿（相对湿度＞80%）或大风天气，不得进行露天焊接；但焊工及被焊接部分如果被充分保护且对母材采取适当处置（如加热、去潮）时，可进行焊接。

当采用 CO_2 半自动气体保护焊时，环境风速大于 2m/s 时原则上应停止焊接，但若采用适当的挡风措施或采用抗风式焊机时，仍允许焊接（药芯焊丝电弧焊可不受此限制）。

5.1.2 焊接施工的一般规定

（1）引弧应在焊道处进行，严禁在焊道区以外的母材上打火引弧。焊缝终端的弧坑必须填满。

（2）对接焊接：

1）不同厚度的工件对接，其厚板一侧应加工成平缓过渡形状，当板厚差超过 4mm 时，厚板一侧应加工成 1:2.5~1:5 的斜度，对接处与薄板等厚。

2）T 形接头、十字接头、角接接头等要求熔透的对接和角接组合焊缝，焊接时应增加对母材厚度 1/4 以上的加强角焊缝尺寸。

（3）填角焊接：

1）等角填角焊缝的两侧焊角，不得有明显差别；对不等角填角焊缝，要注意确保焊角尺寸，并使焊趾处平滑过渡。

2）焊成凹形的角焊缝，焊缝金属与母材间应平缓过渡；加工成凹形的角焊缝不得在其表面留下切痕。

3）当角焊缝的端部在构件上时，转角处宜连续包角焊，起落弧点不宜在端部或棱角处，应距焊缝端部 10mm 以上。

（4）部分熔透焊接，焊前必须检查坡口深度，以确保要求的焊缝深度。当采用手工电弧焊时，打底焊宜采用 $\phi 3.2mm$ 或以下的小直径焊条，以确保足够的熔透深度。

（5）多层焊接宜连续施焊，每一层焊完后应及时清理检查，如发现有影响质量的缺陷，必须清除后再焊。

（6）焊接完毕，焊工应清理焊缝表面的熔渣及两侧的飞溅物，检查焊缝外观质量，合格后在工艺规定的部位打上焊工钢印。

（7）不良焊接的修补：

1）焊缝同一部位的返修次数，不宜超过两次，超过两次时，必须经过焊接责任工程师核准后，方可按返修工艺进行。

2）焊缝出现裂缝时，焊工不得擅自处理，应及时报告焊接技术负责人查清原因，订出修补措施，方可处理。

3）对焊缝金属中的裂纹，在修补前应用无损检测方法确定裂纹的界限范围，在去除时，应自裂纹的端头算起，两端至少各加 50mm 的焊缝一同去除后再进行修补。

4）对焊接母材中的裂纹，原则上应更换母材，但是在得到技术负责人认可后，可以采用局部修补措施进行处理。主要受力构件必须得到原设计单位确认。

（8）栓钉焊：

1）采用栓钉焊机进行焊接时，一般应使工件处于水平位置。

2）每天施工作业前，应在与构件相同的材料上先试焊 2 只栓钉，然后进行 30°的弯曲试验，如果挤出焊角达到 360°，且无热影响区裂纹时，方可进行正式焊接。

5.2 焊接质量控制与验收

5.2.1 钢构件焊接工程

(1) 主控项目检验

钢构件焊接工程主控项目检验见表5-1。

主控项目检验 表5-1

序号	项目	合格质量标准	检验方法	检查数量
1	材料匹配	焊条、焊丝、焊剂、电渣焊熔嘴等焊接材料与母材的匹配应符合设计要求及国家现行行业标准《建筑钢结构焊接技术规程》JGJ 81的规定。焊条、焊剂、药芯焊丝、熔嘴等在使用前,应按其产品说明书及焊接工艺文件的规定进行烘焙和存放	检查质量证明书和烘焙记录	全数检查
2	焊工证书	焊工必须经考试合格并取得合格证书。持证焊工必须在其考试合格项目及其认可范围内施焊	检查焊工合格证及其认可范围、有效期	全数检查
3	焊接工艺评定	施工单位对其首次采用的钢材、焊接材料、焊接方法、焊后热处理等,应进行焊接工艺评定,并应根据评定报告确定焊接工艺	检查焊接工艺评定报告	全数检查
4	内部缺陷	设计要求全焊透的一、二级焊缝应采用超声波探伤进行内部缺陷的检验,超声波探伤不能对缺陷作出判断时,应采用射线探伤,其内部缺陷分级及探伤方法应符合现行国家标准《钢焊缝手工超声波探伤方法和探伤结果分级》GB/T 11345 或《钢熔化焊对接接头射线照相和质量分级》GB 3323 的规定。焊接球节点网架焊缝、螺栓球节点网架焊缝及圆管 T、K、Y 形节点相贯线焊缝,其内部缺陷分级及探伤方法应分别符合国家现行标准《焊接球节点钢网架焊缝超声波探伤方法及质量分级方法》JG/T 3034.1、《螺栓球节点钢网架焊缝超声波探伤及质量分级法》JG/T 3034.2《建筑钢结构焊接技术规程》JGJ 81 的规定。一级、二级焊缝的质量等级及缺陷分级应符合表5-2的规定	全数检查	检查超声波或射线探伤记录
5	组合焊缝尺寸	T形接头、十字接头、角接接头等要求熔透的对接和角对接组合焊缝,其焊脚尺寸不应小于$t/4$ [图5-1 (a)、(b)、(c)];设计有疲劳验算要求的吊车梁或类似构件的腹板与上翼缘连接焊缝的焊脚尺寸为$t/2$ [图5-1 (d)],且不应大于10mm。焊脚尺寸的允许偏差为0~4 mm	观察检查,用焊缝量规抽查测量	资料全数检查;同类焊缝抽查10%,且不应少于3条
6	焊缝表面缺陷	焊缝表面不得有裂纹、焊瘤等缺陷。一级、二级焊缝不得有表面气孔、夹渣、弧坑裂纹、电弧擦伤等缺陷。且一级焊缝不得有咬边、未焊满、根部收缩等缺陷	观察检查或使用放大镜、焊缝量规和钢尺检查,当存在疑义时,采用渗透或磁粉探伤检查	每批同类构件抽查10%,且不应少于3件;被抽查构件中,每一类型焊缝按条抽查5%,且不应少于1条;每条检查1条,总抽查数不应少于10处

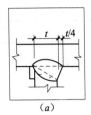 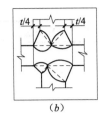 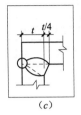 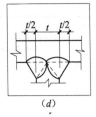

图 5-1　焊脚尺寸

一、二级焊缝质量等级及缺陷分级　　　　　　　表 5-2

焊缝质量等级		一级	二级
内部缺陷 超声波探伤	评定等级	Ⅱ	Ⅲ
	检验等级	B 级	B 级
	探伤比例	100%	20%
内部缺陷 射线探伤	评定等级	Ⅱ	Ⅲ
	检验等级	AB 级	AB 级
	探伤比例	100%	20%

注：探伤比例的计数方法应按以下原则确定：
（1）对工厂制作焊缝，应按每条焊缝计算百分比，且探伤长度应不小于 200mm，当焊缝长度不足 200 mm 时，应对整条焊缝进行探伤；
（2）对现场安装焊缝，应按同一类型、同一施焊条件的焊缝条数计算百分比，探伤长度应不小于 200 mm，并应不少于 1 条焊缝。

（2）一般项目检验
钢构件焊接工程一般项目检验见表 5-3。

一般项目检验　　　　　　　表 5-3

序号	项目	合格质量标准	检验方法	检查数量
1	预热和后热处理	对于需要进行焊前预热或焊后热处理的焊缝，其预热温度或后热温度应符合国家现行有关标准的规定或通过工艺试验确定。预热区在焊道两侧，每侧宽度均应大于焊件厚度的 1.5 倍以上，且不应小于 100mm；后热处理应在焊后立即进行，保温时间应根据板厚按每 25mm 板厚 1h 确定	检查预、后热施工记录和工艺试验报告	全数检查
2	焊缝外观质量	二级、三级焊缝外质量标准应符合表 5-4 的规定。三级对接缝应按二级焊缝标准进行外观质量检验	观察检查或使用放大镜、焊缝量规和钢尺检查	每批同类构件抽查 10%，且不应少于 3 件；被抽查构件中，每一类型焊缝按条数抽查 5%，且不应少于 1 条；每条检查 1 处，总抽查数不应少于 10 处
3	焊缝尺寸偏差	焊缝尺寸允许偏差应符合表 5-5 的规定	用焊缝量规检查	每批同类构件抽查 10%，且不应少于 3 件；被抽查构件中，每种焊缝按条数各抽查 5%，但不应少于 1 处；每条检查 1 处，总抽查数不应少于 10 处

续表

序号	项目	合格质量标准	检验方法	检查数量
4	凹形角焊缝	焊出凹形的角焊缝，焊缝金属与母材间应平缓过渡；加工成凹形的角焊缝，不得在其表面留下切痕	观察检查	每批同类构件抽查10%，且不应少于3件
5	焊缝感观	焊缝感观应达到：外形均匀、成型较好，焊道与焊道、焊道与基本金属间过渡较平滑，焊渣和飞溅物基本清除干净	观察检查	每批同类构件抽查10%，且不应少于3件；被抽查构件中，每种焊缝按数量各抽查5%，总抽查处不应少于5处

（3）焊缝外观质量标准及尺寸允许偏差（摘自《钢结构工程施工质量验收规范》GB 50205—2001）

1）二级、三级焊缝外观质量标准应符合表5-4的规定。

二级、三级焊缝外观质量标准 表5-4

项目	允许偏差（mm）	
缺陷类型	二级	三级
未焊满（指不足设计要求）	$\leq 0.2+0.02t$，且≤ 1.0	$\leq 0.2+0.04t$，且≤ 2.0
	每100.0焊缝内缺陷总长≤ 25.0	
根部收缩	$\leq 0.2+0.02t$，且≤ 1.0	$\leq 0.2+0.04t$，且≤ 2.0
	长度不限	
咬边	$\leq 0.05t$，且≤ 0.5；连续长度≤ 100.0，且焊缝两侧咬边总长$\leq 10\%$焊缝全长	$\leq 0.1t$，且≤ 1.0，长度不限
弧坑裂纹	—	允许存在个别长度≤ 5.0的弧坑裂纹
电弧擦伤	—	允许存在个别电弧擦伤
接头不良	缺口深度$0.05t$，且≤ 0.5	缺口深度$0.1t$，且≤ 1.0
	每1000mm焊缝不应超过1处	
表面夹渣	—	深$\leq 0.2t$，长$\leq 0.5t$，且≤ 2.0
表面气孔	—	每50.0mm焊缝长度内允许直径$\leq 0.4t$，且≤ 3.0的气孔2个，孔距≥ 6倍孔径

注：表内t为连接处较薄的板厚。

2）对接焊缝及完全熔透组合焊缝尺寸允许偏差应符合表5-5的规定。

对接焊缝及完全熔透组合焊缝尺寸允许偏差（mm） 表5-5

序号	项目	图例	允许偏差	
			一、二级	三级
1	对接焊缝余高C		$B<20$，$0\sim 3.0$ $B\geq 20$，$0\sim 4.0$	$B<20$，$0\sim 4.0$ $B\geq 20$，$0\sim 5.0$
2	对接焊缝错边d		$d>0.15t$，且≤ 2.0	$d<0.15t$，且≤ 3.0

3）部分焊透组合焊缝和角焊缝外形尺寸允许偏差应符合表 5-6 的规定。

部分焊透组合焊缝和角焊缝外形尺寸允许偏差（mm）　　表 5-6

序号	项目	图例	允许偏差
1	焊脚尺寸 h_f		$h_f \leq 6$：$0 \sim 1.5$ $h_f > 6$：$0 \sim 3.0$
2	角焊缝余高 C		$h_f \leq 6$：$0 \sim 1.5$ $h_f > 6$：$0 \sim 3.0$

注：1. $h_f > 80$mm 的角焊缝其局部焊脚尺寸允许低于设计要求值 1.0mm，但总长度不得超过焊缝长度 10%；
　　2. 焊接 H 形梁腹板与翼缘板的焊缝两端在其两倍翼缘板宽度范围内，焊缝的焊脚尺寸不得低于设计值。

5.2.2　焊钉（栓钉）焊接工程

（1）主控项目检验

钢构件焊接工程主控项目检验见表 5-7。

主控项目检验　　表 5-7

序号	项目	合格质量标准	检验方法	检查数量
1	焊接工艺评定	施工单位对其采用的焊钉和钢材焊接应进行焊接工艺评定，其结果应符合设计要求和国家现行有关标准的规定。瓷环应按其产品说明书进行烘焙	检查焊接工艺评定报告和烘焙记录	全数检查
2	焊后弯曲试验	焊钉焊接后应进行弯曲试验检查，其焊缝和热影响区不应有肉眼可见的裂纹	焊钉弯曲30°后用角尺检查和观察检查	每批同类构件抽查 10%，且不应少于 10 件；被抽查构件中，每件检查焊钉数量的 1%，但不应少于 1 个

（2）一般项目检验

钢构件焊接工程一般项目检验见表 5-8。

一般项目检验　　表 5-8

序号	项目	合格质量标准	检验方法	检查数量
1	焊接工艺评定	焊钉根部焊脚应均匀，焊脚立面的局部未熔合或不足360°的焊脚应进行修补	观察检查	按总焊钉数量抽查 1%，且不应少于 10 个

5.3　焊接质量常见问题的预防与处理

5.3.1　焊接材料不匹配

（1）质量通病现象

焊条、焊丝、焊剂、电渣焊熔嘴等焊接材料与母材不匹配。

（2）预防、治理措施

焊条、焊丝、焊剂、电渣焊熔嘴等焊接材料与母材的匹配应符合设计要求及国家现行行业标准《建筑钢结构焊接技术规程》JGJ 81 的规定。焊条、焊丝、焊剂、电渣焊熔嘴等在使用前，应按其产品说明书及焊接工艺文件的规定进行烘焙和存放。应全数检查质量说明书和烘焙记录。

5.3.2 焊缝表面缺陷

（1）质量通病现象

1）焊缝成形不良。如图 5-2 所示，不良的焊缝成形表现在焊喉不足、增高过大、焊脚尺寸不足或过大等，其产生原因是：①操作不熟练；②焊接电流过大或过小；③焊件坡口不正确等。

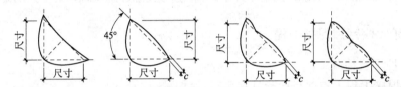

注：焊缝或单个焊道的凸度c不得超过焊缝或焊道表面宽度的7%±0.06m（1.5mm）（AWSD1.1—88）

(a)　　　　　　　　　　(b)

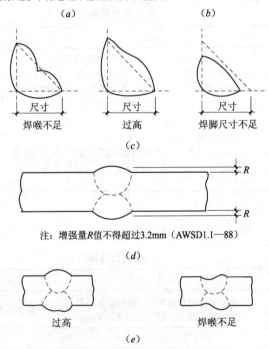

图 5-2　焊缝剖面形状

(a) 理想的角焊缝剖面形状；(b) 合格角焊缝的剖面形状；(c) 不合格角焊缝的剖面形状；
(d) 合格对接焊缝剖面形状；(e) 不合格对接焊缝的剖面形状

2）咬边。如图 5-3 所示，产生咬边的原因：①电流太大；②电弧过长或运条角度不当；③焊接位置不当。

咬边会造成应力集中，降低结构承受动荷载的能力和降低疲劳强度。为避免产生咬边缺陷，在施焊时应正确选择焊接电流和焊接速度，掌握正确的运条方法，采用合适的焊条角度和电弧长度。

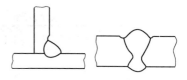

图 5-3 咬边缺陷

3）焊瘤。焊瘤是指在焊接过程中，熔化金属流淌到焊缝以外未熔化的母材上所形成的金属瘤。焊瘤处常伴随产生未焊透或缩孔等缺陷。

如图 5-4 所示，产生焊瘤的原因：①焊条质量不好；②运条角度不当；③焊接位置及焊接规范不当。

4）夹渣。夹渣是指残存在焊缝中的熔渣或其他非金属夹杂物。产生原因：①焊接材料质量不好，熔渣太稠；②焊件上或坡口内有锈蚀或其他杂质未清理干净；③各层熔渣在焊接过程中未彻底清除；④电流太小，焊速太快；⑤运条不当。

5）未焊透。未焊透是指焊缝与母材金属之间或焊缝层间的局部未熔合，如图 5-5 所示。按其在焊缝中的位置，可分为：根部未焊透、坡口边缘未焊透和焊缝层间未焊透。

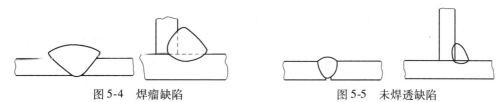

图 5-4 焊瘤缺陷　　　　　　图 5-5 未焊透缺陷

产生未焊透的原因：①焊接电流太小，焊接速度太快；②坡口角度太小，焊条角度不当；③焊条有偏心；④焊件上有锈蚀等未清理干净的杂质。

6）气孔。如图 5-6 所示，焊缝表面和内部存在近似圆球形或洞形的空穴。

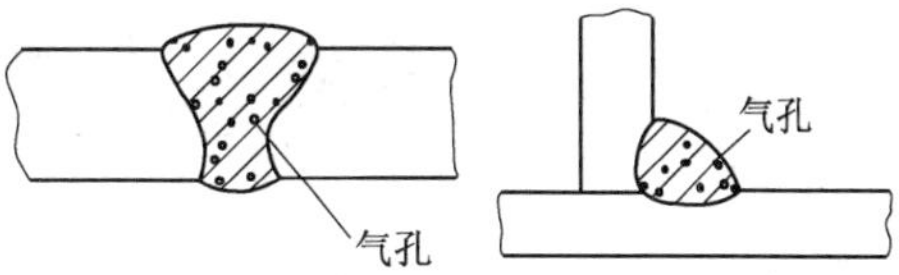

产生气孔的原因：①碱性焊条受潮；②酸性焊条的烘焙温度太高；③焊件不清清；④电流过大焊条发红；⑤电弧太长，电弧保护失效；⑥极性不对；⑦气保护焊时，保护气体不纯；⑧焊丝有锈蚀。

图 5-6 气孔缺陷

7）裂纹。如图 5-7 所示，为焊接接头各部位容易发生的裂纹种类。

根据裂纹发生的时间，大致可以将裂纹分成高温裂纹和低温裂纹两大类。

根部裂纹是低温裂纹常见的一种形态，其产生原因如下：① 主要是由于焊接金属含氢量较高所致，氢的来源有多种途径，如焊条中的有机物，结晶水，焊接坡口和它的附近粘有水分、油污及来自空气中的水分等。②焊接接头的约束力较大，例如厚板焊接时接头固定不牢、焊接顺序不当等均有可能产生较大的应力而导致裂纹的发生。③当母材碳当量较高，冷却速度较快，热影响区的硬化从而导致裂纹的发生。

焊道下梨状裂纹是常见的高温裂纹的一种，主要发生在埋弧焊或二氧化碳气体保护焊中，手工电弧焊则很少发生。焊道下梨状裂纹的产生原因主要是焊接条件不当，如电压过低、电流过高，在焊缝冷却收缩时使焊道的断面形状呈现梨形。

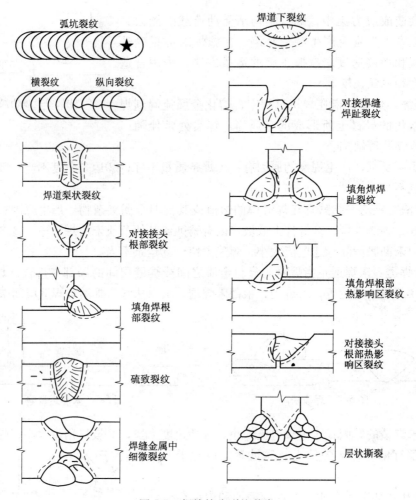

图 5-7 焊接接头裂纹种类

（2）预防、治理措施

1）焊缝成形不良和咬边：

① 可以用车削、打磨、铲或碳弧气刨等方法清除多余的焊缝金属或部分母材，清除后所存留的焊缝金属或母材不应有割痕或咬边。清除焊缝不合格部分时，不得过分损伤母材。

② 修补焊接前，应先将待焊接区域清理干净。

③ 修补焊接时所用的焊条直径要略小，一般不宜大于直径 4mm。

④ 选择合适的焊接规范。

2）焊瘤。

焊瘤不但影响成型美观，而且容易引起应力集中，焊瘤处易夹渣、未熔合，导致裂纹的产生。防止的办法是尽可能使焊口处于平焊位置进行焊接，正确选择焊接规范，正确掌握运条方法。

对于焊瘤的修补一般是用打磨的方法将其打磨光顺。

3）夹渣。

为防止夹渣，在焊前应选择合理的焊接规范及坡口尺寸，掌握正确操作工艺及使用工艺性能良好的焊条，坡口两侧要清理干净，多道多层焊时要注意彻底清除每道和每层的熔渣，特别是碱性焊条，清渣时应认真仔细。

修补时夹渣缺陷一般应用碳弧气刨将其有缺陷的焊缝金属除去，重新补焊。

4）未焊透。

未焊透缺陷会降低焊缝强度，易引起应力集中，导致裂纹和结构的破坏。防治措施是选择合理的焊接规范，正确选用坡口形式、尺寸、角度和间隙，采用适当的工艺和正确的操作方法。

超过标准的未焊透缺陷应消除，消除方法一般采用碳弧气刨刨去有缺陷的焊缝，用手工焊进行补焊。

5）气孔。

焊缝上产生气孔将减小焊缝有效工作截面，降低焊缝机械性能，破坏焊缝的致密性。连续气孔会导致焊接结构的破坏。防治措施是：焊前必须对焊缝坡口表面彻底清除水、油、锈等杂质；合理选择焊接规范和运条方法；焊接材料必须按工艺规定的要求烘焙；在风速大的环境中施焊应使用防风措施。超过规定的气孔必须刨去后，重新补焊。

6）低温裂纹：

① 选用低氢或超低氢焊条或其他焊接材料。

② 对焊条或焊剂等进行必要的烘焙，使用时注意保管。

③ 焊前应将焊接坡口及其附近的水分、油污、铁锈等杂质清理干净。

④ 选择正确的焊接顺序和焊接方向，一般长构件焊接时最好采用由中间向两端对称施焊的方法。

⑤ 进行焊前预热及后热控制冷却速度，以防止热影响区硬化。

7）高温裂纹。

为防止高温裂纹，首先选择适当的焊接电压、焊接电流，其次焊道的成形一般控制在宽度与高度之比为1:1.4较适宜。

弧坑裂纹也是高温裂纹的一种，其产生原因主要是弧坑处的冷却速度过快，弧坑处的凹形未充分填满所致。防治措施是安装必要的引弧板和引出板，在焊接因故中断或在焊缝终端应注意填满弧坑。

焊接裂纹的修补措施如下：

① 通过超声波或磁粉探伤检查出裂纹的部位和界限。

② 沿焊接裂纹界限各向焊缝两端延长50mm，将焊缝金属或部分母材用碳弧气刨刨去。

③ 选择正确的焊接规范，焊接材料，以及采取预热、控制层间温度和后热等工艺措施进行补焊。

5.3.3 焊接缺陷

（1）质量通病现象

主要包括气孔及焊坑、卷入熔渣、熔合不佳、焊道成形不佳、飞溅、咬边、焊瘤、裂纹等缺陷。

（2）预防治理措施

焊接缺陷及预防治理措施见表5-9。

焊接缺陷表　　　　　　　　　　　　　　　　表5-9

序号	项目	产 生 原 因	防 治 措 施
1	气孔及焊坑	(1) 电弧电压不合适； (2) 焊丝干伸长过短； (3) 焊丝受潮； (4) 钢板上有大量的锈斑或涂料； (5) 焊枪的倾斜角度不对； (6) 特种横向焊接速度过快	(1) 将电弧电压调整到合适值； (2) 保持在30~50mm； (3) 焊接前在250~350℃温度下烘1h； (4) 将待焊区域的锈及其他妨碍焊接的杂质清除干净； (5) 向前进方向倾斜70°~90°； (6) 调整速度
2	卷入熔渣	(1) 电弧电压过低； (2) 持枪的姿势和方法不正确； (3) 焊丝干伸长过长； (4) 电流过低，焊接速度过慢； (5) 前一道的熔渣没有清除干净； (6) 打底焊道的熔敷金属不足； (7) 坡口过于狭窄； (8) 钢板倾斜（下倾）	(1) 电弧电压要适当； (2) 应熟练掌握持枪的姿势和方法； (3) 一般应保持在30~50mm范围内； (4) 提高焊接速度； (5) 每道焊缝焊完后，应彻底清除熔渣； (6) 在进行打底焊时，电压要适当，持枪姿势、方法要正确； (7) 应近似于手工电弧焊的坡口形状； (8) 保持平衡，加快焊接速度
3	熔合不佳	(1) 电流过低； (2) 焊接速度过慢； (3) 电弧电压过高； (4) 持枪姿势不对； (5) 坡口形状不当	(1) 特别要提高加工过的焊道一侧的电流； (2) 稍微加快一些； (3) 将电弧电压调至适当处； (4) 熟练掌握持枪姿势和方法； (5) 接近于手工电弧焊时的坡口形状
4	焊道成形不佳	(1) 持枪不熟练； (2) 坡口面内的熔接方法不当； (3) 因焊嘴磨损致使焊丝干伸长发生变化； (4) 焊丝突出的长度产生了变化	(1) 焊接速度要均衡，横向摆动要小，宽度要保持一定； (2) 要熟悉熔接要领； (3) 更换新的焊嘴； (4) 焊丝的突出要保持一定
5	飞溅	(1) 电弧电压不稳定； (2) 焊丝干伸长过长； (3) 焊接电流过低； (4) 焊枪的倾斜角度不当或过大； (5) 焊丝吸潮； (6) 焊枪不佳	(1) 将电弧电压调整好； (2) 一般保持在30~50mm范围内； (3) 电流调整合适； (4) 尽可能保持接近于垂直的角度状态，避免过大或过小的倾斜； (5) 焊接前在250~350℃高温下烘干1h； (6) 调整焊枪内的控制线路、进给机构及导管电缆的内部情况

注：其他缺陷预防措施同"5.3.2 焊缝表面缺陷"。

5.3.4　埋弧自动焊焊接缺陷

（1）质量通病现象

主要包括裂纹、咬边、焊瘤、夹渣、增高太高或太低、气孔、焊缝表面粗糙、鱼骨状裂纹等。

（2）预防治理措施

埋弧自动焊焊接缺陷及治理见表5-10。

埋弧自动焊焊接缺陷表　　　　　　　　表 5-10

序号	项目	产 生 原 因	治 理 措 施
1	裂纹	（1）焊丝和焊剂的匹配不当（如果母材含碳量高，则熔敷金属含锰量减少）。 （2）焊接区快速冷却致使热影响区硬化。 （3）由于收缩应力过大产生打底焊道裂纹。 （4）母材的约束过大，焊接程序不当。 （5）焊缝形状不当，与焊缝宽度相比增高过大（由于梨状焊缝产生的裂纹）。 （6）冷却方法不当。 （7）由于沸腾钢产生的硫致裂纹	（1）选择匹配合适的焊丝和焊剂，对含碳量高的母材采取预热措施。 （2）增加焊接电流，降低焊接速度，对母材预热。 （3）增加打底焊道的宽度。 （4）制定合理的焊接工艺和焊接程序。 （5）降低焊接电流和增加电弧电压，使焊缝宽度和增高同步进行。 （6）进行焊后热处理。 （7）选择匹配合适的焊丝和焊剂
2	咬边	（1）焊接速度过快。 （2）衬垫不当。 （3）电流和电压不当。 （4）焊丝位置不当（在水平填角焊的情况下）	（1）选择适当的焊接速度。 （2）仔细安装衬垫板。 （3）调节电流、电压，使之配合适当。 （4）调节焊丝位置
3	焊瘤	（1）焊接电流过大。 （2）焊接速度太慢。 （3）焊接电压太低	（1）降低电流。 （2）增大焊接速度。 （3）调节电压
4	夹渣	（1）母材倾斜于焊接方向致使熔渣超前。 （2）多层焊时焊丝过于靠近坡口侧。 （3）在接头的连接处焊接时易产生夹渣。 （4）多层焊时电流太低，中间焊道的熔渣没有被完全清除。 （5）焊接速度太慢，熔渣超前	（1）采用相反方向的焊接或把母材放置水平位置。 （2）焊丝距坡口侧的距离至少要大于焊丝直径。 （3）应使连接处接头厚度和坡口形状与母材相同。 （4）增大电流，使没有被完全清除的熔渣熔化。 （5）增加电流和焊接速度
5	增高太高	（1）电流太高。 （2）电压太低。 （3）焊接速度太慢。 （4）使用衬垫时间隙过窄。 （5）焊件未处于水平位置	（1）降低电流至适当值。 （2）增加电压至适当值。 （3）增大焊接速度。 （4）增大间隙。 （5）将工件置于水平位置
6	增高太低	（1）电流过低。 （2）电压过高。 （3）焊接速度太快。 （4）焊件未处于水平位置	（1）增大电流。 （2）降低电压。 （3）降低焊接速度。 （4）将工件置于水平位置
7	气孔	（1）接头上粘有油、锈等其他杂质。 （2）焊剂受潮。 （3）焊丝生锈。 （4）焊剂中混有杂质	（1）焊接之前对接头和坡口附近进行清理。 （2）按规定要求烘焙焊剂。 （3）检查焊丝是否有锈蚀。 （4）焊剂的保存和回收时应注意避免混入杂质
8	鱼骨状裂纹	（1）坡口表面有油、锈、油漆等杂质。 （2）焊剂受潮	（1）焊接之前进行清理。 （2）按规定要求烘焙焊剂
9	焊缝表面粗糙	（1）焊剂散布位置不当。 （2）焊剂粒度选择不当	（1）调整焊剂散布高度。 （2）选择与焊接电流匹配的焊剂粒度

5.3.5 焊接坡口形状和尺寸不符合要求

（1）质量通病现象

焊接坡口形状和尺寸不符合规范要求。

（2）预防、治理措施

施工单位对焊接坡口应进行焊接工艺评定，并应根据评定报告确定焊接工艺。

5.3.6 焊缝内部缺陷

（1）质量通病现象

焊缝内部缺陷应在外观检查合格后进行。内部缺陷主要包括片裂缝和气孔等。

（2）预防、治理措施

对有缺损的钢构件应按钢结构加固技术标准对其承载能力进行评估，并采取措施进行修补。当缺损性质严重、影响结构的安全时，应立即采取卸荷加固措施。对一般缺损，可按下列方法进行焊接修复或补强：

1）当缺损为裂纹时，应精确查明裂纹的起止点，在起止点钻直径 12~16mm 的止裂孔，并根据具体情况采用下列方法修补：

① 补焊法：用碳弧气刨或其他方法清除裂纹并加工成侧边大于 10°的坡口，当采用碳弧气刨加工坡口时，应磨掉渗碳层。应采用低氢型焊条按全焊透对接焊缝的要求进行补焊，补焊前宜按规定将焊接处预热至 100~150℃。对承受动荷载的结构尚应将补焊焊缝的表面磨平。

② 双面盖板补强法：补强盖板及其连接焊缝应与构件的开裂截面等强，并采取适当的焊接顺序，以减少焊接残余应力和焊接变形。

2）对孔洞类缺损的修补，应将孔边修整后采用两面加盖板的方法补强。

5.3.7 焊脚尺寸偏差过大

（1）质量通病现象

T形接头、十字接头、角接接头等要求熔透的对接和角对接组合焊缝，其焊脚尺寸不应小于 $t/4$，设计有疲劳验算要求的吊车梁或类似构件的腹板与上翼缘连接焊缝的焊脚尺寸为 $t/2$，且不应大于 10mm。

（2）预防、治理措施

观察检查，用焊缝量规抽查测量，不符合要求的焊脚应重新施焊。

5.3.8 焊缝余高和错边偏差过大

（1）质量通病现象

焊缝余高和错边偏差过大。

（2）预防治理措施

用焊缝量规检查，同类焊缝抽查 10%，且不应少于 3 条，不合格的应重新施焊。

5.3.9 焊接变形

(1) 质量通病现象

1) 横向收缩变形：构件焊后在垂直于焊缝方向产生收缩变形，如图5-8（a）所示。

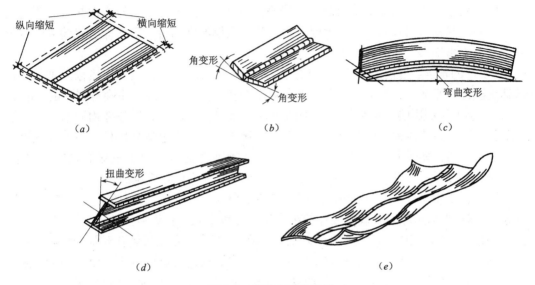

图 5-8 焊接变形的种类
(a) 纵向和横向收缩；(b) 角变形；(c) 弯曲变形；(d) 扭曲变形；(e) 波浪变形

2) 纵向收缩变形：构件焊后在平行于焊缝的方向上产生收缩变形，如图5-8（a）所示。

3) 角变形：由于焊缝的横向收缩使焊件平面绕焊缝轴产生角度变化，如图5-8（b）所示。

4) 弯曲变形：由于焊缝的纵向和横向收缩相对于构件的中和轴不对称，引起构件的整体弯曲，如图5-8（c）所示。

5) 扭曲变形：焊后构件的角变形沿构件纵轴方向程度不同及构件翼缘与腹板的纵向收缩不一致，综合而形成的变形形态，如图5-8（d）所示。

6) 波浪变形：薄板焊接后，母材受压应力区由于失稳而使板面产生翘曲，如图5-8（e）所示。

构件和结构的变形使其外形不符合设计图纸和验收要求，不仅影响最后装配工序的正常进行，而且还有可能降低结构的承载能力。如已产生角变形的对接和搭接构件在受拉时将引起附加弯矩，其附加应力严重时可导致结构的超载破坏。

(2) 预防、治理措施

影响焊接变形量的因素较多，有时同一因素对纵向变形、横向变形及角变形会有相反的影响。全面分析各因素对各种变形的影响，掌握其影响规律是采取合理措施控制变形的基础。否则难以达到预期效果。

1) 焊缝截面积的影响。焊缝截面积是指熔合线范围内的金属面积。焊缝面积越大，冷却时收缩引起的塑性变形量越大。焊缝面积对纵向、横向及角变形的影响趋势是一致的，而且是起主要影响。因此在板厚相同时，坡口尺寸越大（包括间隙和角度），收缩变形越大。

2) 焊接热输入的影响。一般情况下，热输入大时，加热的高温区范围大，冷却速度慢，使接头塑性变形区增大。不论对纵向、横向或角变形都有变形增大的影响。唯有在表面堆焊时，由于加热作用集中于表面，随着热输入增大，塑变区向板厚方向扩大，引起角变形增大，但热输入增大到一定程度时，由于整个板厚温度趋近，因而即使热输入继续增大，角变形不再增大，反而有所下降。

3) 工件的预热、层间温度影响。预热温度和层间温度越高，相当于热输入增大，使冷却速度减慢，收缩变形增大。同理，如焊后立即实施消氢热处理，也会有同样的影响。

4) 焊接方法的影响。各种焊接方法的热输入差别较大，在其他条件相同情况下，收缩变形值不同。在建筑钢结构焊接常用的几种焊接方法中，除电渣焊以外，埋弧焊热输入最大，在其他条件如焊缝断面积等相同情况下，收缩变形最大。手工电弧焊热输入居中，收缩变形比埋弧焊小。CO_2气体保护焊热输入最小，收缩变形相应也最小。

5) 接头形式的影响。常用的焊缝形式有堆焊、角焊、对接焊。其中角焊又有搭接接头、T形角焊接头、T形角焊和坡口对接焊的组合接头三种形式。在焊接热输入、焊缝截面积、焊接方法等因素条件相同时，不同的接头形式对纵向、横向、角变形量有不同的影响。

① 表面堆焊时，焊缝金属的横向变形不但受到纵、横向母材的约束，而且加热只限于工件表面一定深度而使焊缝的收缩，同时受到板厚深度方向母材的约束，因此变形相对较小。

② T形角接接头和搭接接头时，其焊缝横向收缩情况与堆焊相似，其横向收缩值与角焊缝面积成正比，与板厚成反比。T形接头由于焊缝横向收缩方向与接头的翼板面成45°角，因此角变形比较大，而且数值为翼板和腹板角变形之和。

③ 对接接头在单道（层）焊的情况下，其焊缝横向收缩比堆焊和角焊大。在单面焊且坡口角度大时，板厚上、下收缩量差别大，因而角度变形也较大。双面焊时情况有所不同，随着坡口角度和间隙的减小，横向收缩减小，同时角变形也减小。

④ T形接头角对接时，工件的翼板相当于堆焊，其横向收缩相当于堆焊情况。腹板则相当于对接，其横向收缩相当于对接焊情况。如采用两面坡口角对接，则其角变形很小。整个接头的角变形当然会比T形接头角焊时小得多。

6) 焊接层数（道数）的影响：

① 横向收缩：在对接接头多层焊时，第一道焊缝的横向收缩符合对接焊的一般条件和变形规律，第一层以后相当于无间隙对接焊，接近于盖面焊道时已与堆焊的条件和变形规律相似，因此收缩变形相对较小。

② 纵向收缩：多层焊时，每层焊缝的热输入比一次完成的单层焊时小得多，加热范围窄，冷却快，产生的收缩变形小得多。另一方面，多层焊时各层焊缝所产生的塑性变形区有相当大的部分是相互重叠的，其总塑变面积并未加大很多。而且前层焊缝焊成后都对后层焊缝形成约束，因此多层焊时的纵向收缩变形比单层焊时小得多，而且焊的层数越多，纵向变形越小。

7) 由于焊接变形直接影响构件、结构的安装及其使用功能，并因承载时产生附加弯矩、次应力而间接影响其使用性能，变形的控制是很重要的。

根据前述的焊接变形产生原因和影响因素，可以采取表5-11中控制变形的措施。

预防焊接变形措施方法　　　　　　　　　　　　　　　表 5-11

项次	项目	削减温度应力预防焊接变形措施方法
1	设计和构造	（1）在保证结构安全的前提下，不使焊缝尺寸过大，焊缝过多； （2）对接焊缝避免过高、过大； （3）对称设置焊缝，减少交叉焊缝和密集焊缝； （4）受力不大或不受力结构中，可考虑用间断焊缝； （5）尽量使焊缝通过截面重心，两侧焊缝量相等
2	下料和组装	（1）严格控制下料尺寸； （2）放足电焊后的收缩余量； （3）梁、桁架等受弯构件放样下料时，考虑进拱； （4）组装尺寸做到准确、正直，避免强制装配，采用简单装配胎具和夹具； （5）小型结构可一次装配，用定位焊固定后，用合适的焊接顺序一次完成； （6）大型结构如大型桁架和吊车梁等，尽可能先用小件组焊之后，再行总组装配焊接
3	焊接顺序	（1）选择合理的焊接次序，以减小变形，如桁架先焊下弦，后焊上弦，先由跨中向两侧对称施焊，后焊两端； （2）钢柱中 H 型钢部件要求焊后成一直线，其焊接顺序应交错进行，如图 5-9（a）所示，实腹吊车梁的工型部件要求焊向上起拱，则应先焊下翼缘立缝，如图 5-9（b）所示； （3）几种焊缝施焊时，先焊收缩变形较大的横缝，如图 5-9（c）所示，而后焊纵向焊缝或者先焊对接缝，而后再焊角焊缝，如图 5-9（d）所示； （4）当多名焊工同时焊接圆形工件时，应采用对称位置同方向施焊法 图 5-9　H 型钢、壁（底）板及 T 形构件焊接顺序 （a）H 型钢交叉焊接；（b）H 型钢起拱焊接； （c）壁（底）板纵横缝焊接；（d）T 形构件焊缝焊接 注：图中 1、2、3、4 表示焊接的先后顺序
4	焊接规范和操作方法	（1）选用恰当的焊接工艺参数，尽量采用焊接工艺系数小的方法施焊； （2）先焊焊接变形较大的焊缝，遇有交叉焊缝，设法消除起弧点缺陷； （3）手工焊接长焊缝时，宜用对称分段退步焊法，如图 5-10 所示或分层分段退步焊接法，减少分层次数，多用连续施焊； 图 5-10　对称分段退步焊接法 （a）由两头向中间退焊；（b）由中间向两头退焊 （4）尽量采用对称施焊，对大型结构更宜多焊工同时对称施焊；自动焊可不分段焊成，并采取焊缝缓冷措施； （5）对焊缝不多的节点，采取一次施焊完毕； （6）对主要受力节点，采取分层分段轮流施焊，焊第一遍适当加大电流，减慢焊速，焊第二遍避免过热，以减小变形； （7）防止随意加大焊肉，引起过量变形和焊接应力集中； （8）构件经常翻动，使焊接弯曲变形相互抵消

续表

项次	项目	削减温度应力预防焊接变形措施方法
5	反弯和钢性固定措施	（1）对角变形可用反弯法，如杆件对接焊时，将焊缝处垫高； （2）钢板 V 形坡口对接，焊前将对接口适量垫高使焊后基本变平，见图 5-11； （3）H 型钢翼缘板在焊接角缝前，预压反变形，以减少焊接反变形值，见图 5-12； （4）焊接时在台座上或在重叠的构件上设置简单夹具、固定卡具或辅助定位板，强制焊缝不变形，此法宜用于低碳钢焊接，不宜用于中碳钢和可焊性更差的钢材，以免焊接应力集中，使焊件产生裂纹 图 5-11　钢板 V 形坡口对接预变形 （a）焊前预变形；（b）焊后变平直 图 5-12　H 型钢翼缘板反变形 （a）机械滚压反变形； （b）H 型钢焊接前形状

8）焊接变形可以用加热矫正和施力矫正结合运用来矫正。

① 宜按下列要求采用合理的焊接顺序控制变形：

a. 对于对接接头、T 形接头和十字接头坡口焊接，在工件放置条件允许或易于翻身的情况下，宜采用双面坡口对称顺序焊接；对于有对称截面的构件，宜采用对称于构件中和轴的顺序焊接。

b. 对双面非对称坡口焊接，宜采用先焊深坡口侧部分焊缝、后焊浅坡口侧、最后焊完深坡口侧焊缝的顺序。

c. 对长焊缝宜采用分段退焊法或与多人对称焊接法同时运用。

d. 宜采用跳焊法，避免工件局部加热集中。

② 在节点形式、焊缝布置、焊接顺序确定的情况下，宜采用熔化极气体保护电弧焊或药芯焊丝自保护电弧焊等能量密度相对较高的焊接方法，并采用较小的热输入。

③ 宜采用反变形法控制角变形。

④ 对一般构件可用定位焊固定同时限制变形；对大型、厚板构件宜用刚性固定法增加结构焊接时的刚性。

⑤ 对于大型结构宜采取分部组装焊接，分别矫正变形后再进行总装焊接或连接的施工方法。

5.3.10　板材层状撕裂

（1）质量通病现象

板材出现层状撕裂等现象。

（2）预防、治理措施

T形接头、十字接头、角接接头焊接时（表 5-12），宜采用以下防止板材层状撕裂的焊接工艺措施：

1）采用双面坡口对称焊接代替单面坡口非对称焊接。

2）采用低强度焊条在坡口内母材板面上先堆焊塑性过渡层。

3）Ⅱ类及Ⅱ类以上钢材箱形柱角接接头（表 5-13）当防止层状撕裂的工艺措施示意板厚大于等于 80mm 时，板边火焰切割面宜用机械方法去除淬硬层（图 5-13）。

4）采用低氢型、超低氢型焊条或气体保护电弧焊施焊。

5）提高预热温度施焊。

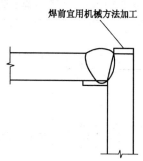

图 5-13 特厚板角接接头防止层状撕裂的工艺措施示意图

T形接头和搭接接头的角变形值　　　　表 5-12

接头横截面	焊接方式	角变形	接头横截面	焊接方式	角变形
	手工电弧焊	3°		手工电弧焊四层	1.5°
	水平位置手工电弧焊两层	3°		手工电弧焊一层	0°
	水平位置手工电弧焊两层	1°		手工电弧焊三层	1°
	手工交错断续焊，每段焊接 80mm，间隔 60mm	0°		埋弧自动焊一层	0°
	手工电弧焊三层	2°			

对接接头各种焊接条件下的焊缝横向收缩值　　　　　　表5-13

接头横截面	焊接方式	横向收缩（mm）	接头横截面	焊接方式	横向收缩（mm）
	手工电弧焊两层	1.0		手工电弧焊二十道，背面未焊	3.2
	手工电弧焊五层	1.6			
	手工电弧焊正面五层，反面清根后焊两层	1.8		1/3背面手工电弧焊，2/3埋弧自动焊一层	2.4
	手工电弧焊正背各焊四层	1.8		铜垫板上自动埋弧焊一层	0.6
	手工电弧焊（深熔焊条）	1.6		手工电弧焊	3.3
	右向气焊	2.3		手工电弧焊（加垫板单面焊）	1.5

5.3.11 焊接管理不善

（1）质量通病现象

钢材管理不善，焊接材料管理不善；焊接生产计划不周；焊接施工作业质量不高，焊工技能差等。

（2）预防、治理措施

1）钢材管理。

建筑钢结构中所使用的钢材，根据抗拉强度值分为低碳钢和高强度钢，抗拉强度相同的钢又按韧性的好坏分成不同的级别。检查并确认这些钢材是否无差错地用在设计所规定的部位上，是焊接之前的一个极其重要的检查项目。

钢材管理项目列于表5-14。钢材进库和出库时要核对轧制批号。在切割工艺计划单中也要记录轧制批号。

钢材管理项目 表 5-14

检查时间	检查对象物品	检查内容
进货时	装货单和实物	规格、尺寸、数量、外观（弯曲、伤疵）
验收时	装货单和订货单	规格、尺寸、协议、数量
出库时	切割计划出库表和实物	规格、尺寸、轧制批号记录
进车间时	内场加工日程表和实物	规格、尺寸
号料时	切割计划和实物	规格、尺寸
轧制批号记录完成后	实物轧制批号和钢厂检查证明单	规格、尺寸
加工时	材料分配表和轧制批号	规格、尺寸、轧制批号记录
加工后	钢厂检查证明单和材料分配表	规格、尺寸
进货时	交货单和实物	

在各道工序中要采用适合于该种钢材性能的施工方法。例如，E 级钢（高强度钢）的部位要求高韧性的焊缝，而在焊接高强度时必须使用高强度钢用焊接材料。为使这些作业无差错地进行，除对施工者实行教育外，还要考虑在钢材上涂上不同颜色来区别钢种。

2) 焊接材料的管理：

① 焊接材料的管理。吸潮量对焊接材料性能的影响。

焊接材料使用管理中首先应重视焊接材料的吸潮问题。焊接材料吸潮后不仅影响焊接质量，甚至造成焊接材料变质，如焊条的焊芯生锈及药皮酥松脱落、焊丝锈蚀、烧结焊剂性能变坏等。

对酸性焊条，吸潮量超过某个极限值会使其工艺性能变坏，造成电弧不稳，飞溅增大，产生气孔等缺陷，影响焊接的正常进行，同时降低焊缝的机械性能。

对低氢型焊条，吸潮后不仅使工艺性能变坏，更严重的是使焊条药皮含水量增加，造成焊缝增氢，导致产生裂纹，气孔和白点的倾向增大，并使焊缝的塑性和韧性下降。

对埋弧焊，用吸潮的焊剂施焊，焊道上会出现麻点和鱼骨状的斑痕，同时渣壳背面的孔洞增多。焊剂过于潮湿会在焊接过程中产生"噗噗"的声音，并伴随有熔融物质溅出，导致产生气孔和焊缝成型恶化。

药芯焊丝吸潮后同样会使焊接工艺性能变坏，产生气孔及裂纹，使接头性能下降。

② 焊接材料的烘焙。焊接材料，除了密封的罐头式包装外，在储存过程中，仍会有不同程度的吸潮。所以一般均需在使用前对焊接材料进行烘焙。

不同品种的焊接材料要求不同的烘焙温度和烘焙时间，一般应以焊接材料生产厂的说明书规定的温度和时间为准，见表 5-15。

电焊条烘烤温度 表 5-15

焊条焊剂种类	酸性焊条	碱性焊条	焊剂
烘烤温度（℃）	150～200	350～400	250

③ 焊接材料的贮存保管：

a. 坚持验收入库。使用单位收到焊接材料后，必须根据制造厂提供的质量保证书进行验收，并检查包装无破损、无受潮或雨淋等现象，才能作为合格品入库。

b. 库房存放原则。焊接材料必须在通风良好和干燥的室内仓库中存放，库内不允许有腐蚀性介质。焊条、焊丝、焊剂均应存放在架子上，离地面和墙壁的距离都不应不小于300mm。

应按焊接材料的种类、牌号、批号及入库时间分类堆放，每垛均应有明确的标记，避免混乱。

焊接材料储存库内，应设置温度计和湿度计。按《焊接材料质量管理规程》JB/T 3223—1996规定，低氢型焊条储存库的室内温度不得低于5℃，相对湿度应小于60%。

c. 出库要求。应坚持先入库的先发放。一般每次发放量不应超过两天的使用量。

对已明显受潮或存放两年以上的焊条、焊丝和焊剂，应由质量检验部门重新做外观检验与性能试验，证明无变质现象和质量符合要求后，方可发放，否则，不应出库使用。

3) 焊接生产计划管理：

① 焊接生产计划管理贯穿焊接生产过程的始终，一般根据焊接生产计划确定各道工序间的焊接检验项目

② 质量管理的组织机构：在焊接生产计划管理中，首先要考虑的是建立和健全质量管理组织机构。质量管理组织的形式大都与自生产组长到操作工人的生产一条线的质量相平行，并列地设置专门从事质量管理的部门。

4) 焊接施工作业的管理：

① 焊接坡口管理。同焊接坡口有关的项目有坡口形状（包括坡口间隙、口角度和钝边等）、坡口附近的水分、油漆和铁锈等杂物以及坡口上的定位焊槽和装配马等。

在施焊前不符合标准要求的坡口必须经修整或更换材料，还要由质量管理小组实行抽检。

② 焊接条件的查核。焊接条件一般可通过操作要领书和便携式焊接条件手册向焊工指示。在向焊工指示焊接条件时，应注意试验室中所求得的焊接条件在现场条件下往往并不完全适用，这是因为在现场电源电压有波动，焊接电缆中电压大等原因。所以应在研究现场使用状况的基础上提出焊接条件，并根据日常焊接质量检查来修正焊接条件。

5) 焊工技能的管理：

① 焊工技能资格的管理。从事建筑钢结构的焊工必须取得焊工考试资格认可。由于焊接位置和板厚不同，技能资格的等级也不同，因此不要错让焊工去焊接其资格规定以外的部位，这是必须加以管理的。

焊工技能资格管理的项目有：

a. 整理焊工名册。无资格的人员不可列入。根据焊工技能进步的程度，让其获取上一级的技能资格。同时，在资格期限到期之前要办理延续手续。

b. 现场生产组长要制订人员配备计划，以使其不影响实际的焊接工作。在分配工作时，必须安排符合其技能资格的焊接工作。

c. 为使第三人能对人员安排是否正确进行检查等，通常在焊工的安全帽或工作服上佩上技能资格标志。

② 焊接技能的管理。不用说手工焊接或半自动焊接，就是各种自动焊接，其焊接质量往往取决于焊工的技能，因此，应当重视对焊工技能的管理。

各制造厂对焊工技能管理的方法各有不同，下面是几种简单实用的管理方法：

a. 用管理卡进行技能管理。表5-16所示是按人管理的焊工技能管理卡的一种。这种管理卡由质量管理部门保管，一般每隔半年左右的时间记录一次。

b. 利用X射线检查结果进行技能管理。表5-17所示为一种X射线检查结果记录表。

表 5-18 为射线检查成绩表。

c. 焊接部位处记名。根据焊工对焊接质量负有责任的原则，通常实行在自己焊好的部位在检查后记上焊工名字的办法。特别是在起重吊码及重要接头处，记名是一种有效的措施。

焊工技能管理卡　　　　　　　　　　　　　　　表 5-16

姓名	（　　）	卡片号码	
		出生年月	年　月　日
		进厂年月	年　月　日
		毕　业	

技能

		技　能			
		指导错误	尚可	好	备注
低碳钢	立焊				
	仰焊				
	横焊				
	向下焊				
50kg级高强度钢	平焊				
	立焊				
	横焊				
	仰焊				
	向下焊				
特种技能					
CO_2 焊					
埋弧焊					
重力焊					
气电焊					
电渣焊					

工作部门

年　月工厂车间工段

技能资格

年　月承认机关等级

特别事项（包括健康状况）

年　月	年　月
年　月	年　月
年　月	年　月

X射线检查结果记录表 表5-17

结构名称	部件名称	底片记号	标准等级	缺陷类别	焊接方法	焊接者姓名			有否修整	修正结果	最后评定
						组长	班长	焊工			

X 射线检查成绩表 表 5-18

焊接方法	等级	张数	缺陷种类							备注
			无缺陷	气孔	夹渣	未熔合	未焊透	裂缝	其他	
	1									
	2									
	3									
	4									
	5									
	6									
	7									
	8									
	9									
	10									
	11									
	12									
	13									
	14									
	15									
	16									
	17									
	18									
	19									
	20									
	21									
	22									
	23									
	24									
	25									
	小计									

6 紧固件连接工程质量控制

紧固件连接是用铆钉、普通螺栓、高强度螺栓将两个以上的零件或构件连接成整体的一种钢结构连接方法。它具有结构简单，紧固可靠，装卸迅速、方便等优点，所以运用极为广泛。

6.1 一般规定

6.1.1 铆接施工的一般规定

（1）冷铆

铆钉在常温下的铆接称为冷铆。冷铆前，为清除硬化，提高材料的塑性，铆钉必须进行退火处理。用铆钉枪冷铆时，铆钉直径不应超过13mm；用铆接机冷铆时，铆钉最大的直径不得超过25mm。铆钉直径小于8mm时常用手工冷铆。手工冷铆时，先将铆钉穿过钉孔，用顶模顶住，将板料压紧后用手锤锤击镦粗钉杆，再用手锤的球形头部锤击，使其成为半球状，最后用罩模罩在钉头上沿各方向倾斜转动，并用手锤均匀锤击，这样能获得半球形铆钉头。如果锤击次数过多，材质将由于冷作用而硬化，致使钉头产生裂纹。

冷铆的操作工艺简单而且迅速，铆钉孔比热铆填充得紧密。

（2）拉铆

拉铆是冷铆的另一种铆接方法。它利用手工或压缩空气作为动力，通过专用工具，使铆钉和被铆件铆合。拉铆的主要材料和工具是抽芯铆钉和风动（或手动）拉铆枪。拉铆过程就是利用风动拉铆枪，将抽芯铆钉的芯棒夹住，同时，枪端顶住铆钉头部，依靠压缩空气产生的向后拉力，芯棒的凸肩部分对铆钉产生压缩变形，形成铆钉头。同时，芯棒的缩颈处受拉断裂而被拉出。

（3）热铆

铆钉加热后的铆接称为热铆。当铆钉直径较大时应采用热铆，铆钉加热的温度，取决于铆钉的材料和施铆的方式。用铆钉枪铆接时，铆钉需加热1000~1100℃；用铆接机铆接时，铆钉需加热到650~670℃。当热铆时，除形成封闭钉头外，同时铆钉杆应镦粗而充满钉孔。冷却时，铆钉长度收缩，使被铆接的板件间产生压力，而造成很大的摩擦力，从而产生足够的连接强度。

6.1.2 普通螺栓施工的一般规定

（1）螺母和螺钉的装配应符合以下要求：

1）螺母或螺钉与零件贴合的表面要光洁、平整，贴合处的表面应当经过加工，否则，容易使连接件松动或使螺钉弯曲。

2）螺母或螺钉和接触面之间应保持清洁，螺孔内的脏物应当清理干净。

3）拧紧成组的螺母时，必须按照一定的顺序进行，并做到分次序逐步拧紧，否则会使零件或螺杆松紧不一致，甚至产生变形。在拧紧长方形或圆形布置的成组螺母时，必须对称地进行。

4）装配时，必须按照一定的拧紧力矩来拧紧，因为拧紧力矩太大时，会出现螺栓或螺钉拉长，甚至断裂和被连接件变形等现象；拧紧力矩太小时，就不可能保证被连接件在工作时的可靠性和正确性。

（2）一般的螺纹连接都具有自锁性，在受静荷载和工作温度变化不大时，不会自行松脱。但在冲击、振动或变荷载作用下，以及在工作温度变化很大时，这种连接有可能自松，影响工作，甚至发生事故。为了保证连接安全可靠，对螺纹连接必须采取有效的防松措施。

一般常用的防松措施有增大摩擦力、机械防松和不可拆三大类。

1）增大摩擦力的防松措施。这类防松措施是使拧紧的螺纹之间不因外荷载变化而失去压力，因而始终有摩擦阻力防止连接松脱。但这种方法不十分可靠，所以多用于冲击和振动不剧烈的场合。常用的措施有弹簧垫圈和双螺母。

2）机械防松措施。这类防松措施是利用各种止动零件阻止螺纹零件的相对转动来实现防松，机械防松可靠，所以应用很广。常用的措施有开口销与槽型螺母、止退垫圈与圆螺母、止动垫圈与螺母或螺钉、串联钢丝等。

3）不可拆的防松措施。利用点焊、点铆等方法把螺母固定在螺栓或被连接件上，或者把螺钉固定在被连接零件上，达到防松目的。

6.1.3 高强度螺栓施工的一般规定

（1）高强度螺栓的连接形式。

高强度螺栓的连接形式有：摩擦连接、张拉连接和承压连接。

1）摩擦连接是高强度螺栓拧紧后，产生强大夹紧力来夹紧板束，依靠接触面间产生的抗剪摩擦力传递与螺杆垂直方向应力的连接方法。

2）张拉连接是螺杆只承受轴向拉力，在螺栓拧紧后，连接的板层间压力减少，外力完全由螺栓承担。

3）承压连接是在螺栓拧紧后所产生的抗滑移力及螺栓孔内和连接钢板间产生的承压力，来传递应力的一种方法。

（2）摩擦面的处理是指采用高强度螺栓摩擦连接时对构件接触面的钢材进行表面加工。经过加工使其接触表面的抗滑系数达到设计要求的摩擦系数额定值，一般为0.45~0.55。

摩擦面的处理方法有：喷砂（或抛丸）后生赤锈；喷砂后涂无机富锌漆；砂轮打磨；钢丝刷消除浮锈；火焰加热清理氧化皮；酸洗等。

（3）摩擦型高强度螺栓施工前，钢结构制作和施工单位应按规定分别进行高强度螺栓连接摩擦面的抗滑移系数试验和复验，现场处理的构件摩擦面应单独进行摩擦面抗滑移系数试验。试验基本要求如下：

1）制造厂和安装单位应分别以钢结构制造批为单位进行抗滑移系数试验。制造批可按照分部（子分部）工程划分规定的工程量每2000t为一批，不足2000t的可视为一批。

选用两种或两种以上表面处理工艺时，每种处理工艺应单独检验。每批三组试件。

2）抗滑移系数试验用的试件应由制造厂加工，试件与所代表的钢结构构件应为同一材质、同批制造、采用同一摩擦面处理工艺和具有相同的表面状态，并应同批同一性能等级的高强度螺栓连接副，在同一环境条件下存放。

（4）高强度螺栓连接安装时，在每个节点上应穿入的临时螺栓与冲钉数量由安装时可能承担的荷载计算确定，并应符合下列规定：

1）不得少于安装孔数的1/3；

2）不得少于两个临时螺栓；

3）冲钉穿入数量不宜多于临时螺栓的30%，不得将连接用的高强度螺栓兼作临时螺栓。

（5）高强度螺栓的安装应顺畅穿入孔内，严禁强行敲打。如不能自由穿入时，应用铰刀修整，修整后的最大孔径应小于1.2倍螺栓直径。铰孔前应将四周的螺栓全部拧紧，使钢板密贴后再进行，不得用气割扩孔。

（6）高强度螺栓的穿入方向应以施工方便为准，并力求一致。连接副组装时，螺母带垫圈面的一侧应朝向螺栓六角头。

（7）安装高强度螺栓时，构件的摩擦面应保持干燥，不得在雨中作业。

（8）高强度螺栓连接副的拧紧应分为初拧、终拧。对于大型节点应分初拧、复拧、终拧。复拧扭矩等于初拧扭矩。初拧、复拧、终拧应在24h内完成。

（9）高强度螺栓连接副初拧、复拧、终拧时，一般应由螺栓群节点中心位置顺序向外缘拧紧的方法施拧。

（10）高强度螺栓连接副的施工扭矩确定。

1）终拧扭矩值按下式计算：

$$T_c = K \times P_c \times d$$

式中　T_c——终拧扭矩值（N·m）；

P_c——施工预拉力标准值（kN），见表6-1；

d——螺栓公称直径（mm）；

K——扭矩系数，按GB 50205的规定试验确定。

高强度螺栓连接副施工预拉力标准值（kN）　　　表6-1

螺栓的性能等级	螺栓公称直径（mm）					
	M16	M20	M22	M24	M27	M30
8.8S	75	120	150	170	225	275
10.9S	110	170	210	250	320	390

2）高强度大六角头螺栓连接副初扭矩值T_0可按$0.5T_c$取值。

3）扭剪型高强度螺栓连接副初扭矩值T_0可按下式计算：

$$T_0 = 0.065 P_c \times d$$

式中　T_0——初拧扭矩值（N·m）；

P_c——施工预拉力标准值（kN），见表6-1；

d——螺栓公称直径（mm）。

（11）施工所用的扭矩扳手，班前必须矫正，班后必须校验，其扭矩误差不得大于±5%，合格的可使用。检查用的扭矩扳手其扭矩误差不得大于±3%。

（12）初拧或复拧后的高强度螺栓应用颜色在螺母上涂上标记，终拧后的螺栓应用另一种颜色在螺栓上涂上标记，以分别表示初拧、复拧、终拧完毕。扭剪型高强螺栓应用专用扳手进行终拧，直至螺栓尾部梅花头拧掉。对于操作空间有限，不能用扭剪型螺栓专用扳手进行终拧的扭剪型螺栓，可按大六角头高强度螺栓的拧紧方法进行终拧。

6.2 紧固件连接质量控制与验收

6.2.1 铆接质量检验

铆钉质量检查采用外观检验和敲打两种方法，外观检查主要检验外观疵病，敲击法检验用0.3kg的小锤敲打铆钉的头部，用以检验铆钉的铆合情况。

（1）铆钉头不得有丝毫跳动，铆钉的铆杆应填满铆孔，铆杆和钉孔平均直径误差不得超过0.4mm，在同一截面的直径误差不得超过0.6mm。

（2）对于有缺陷的铆钉应予以更换，不得采用捻塞、焊补和加热再铆等方法进行修整。

（3）铆成的铆钉外形的偏差超过规定时，不得采用捻塞、焊补或加热再铆等方法整修有缺陷的铆钉，应予作废，进行更换。

6.2.2 普通紧固件连接质量检验

（1）主控项目检验

普通紧固件连接主控项目检验见表6-2。

主控项目检验　　　　　　　　　　　　　　　　　表6-2

序号	项目	合格质量标准	检验方法	检查数量
1	螺栓实物复验	普通螺栓作为永久性连接螺栓时，当设计有要求或对其质量有疑义时，应进行螺栓实物最小拉力荷载复验，试验方法见《钢结构工程施工质量验收规范》GB 50205—2001附录B，其结果应符合现行国家标准《紧固件机械性能 螺栓、螺钉和螺柱》GB/T 3098.1的规定	检查螺栓实物复验报告	每一规格螺栓抽查8个
2	匹配及间距	连接薄钢板采用的自攻钉、拉铆钉、射钉等其规格尺寸应与连接钢板相匹配，其间距、边距等应符合设计要求	观察和尺量检查	按连接节点数抽查1%，且不应少于3个

（2）一般项目检验

普通紧固件连接一般项目检验见表6-3。

一般项目检验 表6-3

序号	项目	合格质量标准	检验方法	检查数量
1	螺栓紧固	永久普通螺栓紧固应牢固、可靠,外露丝扣不应少于2扣	观察和用小锤敲击检查	按连接节点数抽查10%,且不应少于3个
2	外观质量	自攻螺钉、钢拉铆钉、射钉等与连接钢板应紧固密贴,外观排列整齐	观察或用小锤敲击检查	按连接节点数抽查10%,且不应少于3个

6.2.3 高强度螺栓连接质量检验

(1) 主控项目检验

高强度螺栓连接主控项目检验见表6-4。

主控项目检验 表6-4

序号	项目	合格质量标准	检验方法	检查数量
1	抗滑移系数试验	钢结构制作和安装单位应按《钢结构工程施工质量验收规范》GB 50205—2001"3.紧固件连接工程检验项目"中的规定分别进行高强度螺栓连接摩擦面的抗滑移系数试验和复验,现场处理的构件摩擦面应单独进行摩擦面抗滑移系数试验,其结果应符合设计要求	检查摩擦面抗滑移系数试验报告和复验报告	按下述"3.紧固件连接工程检验项目"中的规定
2	高强度大六角螺栓连接副终拧扭矩	高强度大六角头螺栓连接副终拧完成1h后、48h内应进行终拧扭矩检查,检查结果应符合《钢结构工程施工质量验收规范》GB 50205—2001"3.紧固件连接工程检验项目"中的规定	按下述"3.紧固件连接工程检验项目"中的规定	按节点数检查10%,且不应少于10个;每个被抽查节点按螺栓数抽查10%,且不应少于2个
3	扭剪型高强度螺栓连接副终拧扭矩	扭剪型高强度螺栓连接副终拧后,除因构造原因无法使用专用扳手终拧掉梅花头者外,未在终拧中拧掉梅花头的螺栓数不应大于该节点螺栓数的5%。对所有梅花头未拧掉的扭剪型高强度螺栓连接副应采用扭矩法或转角头进行终拧并作标记,且按《钢结构工程施工质量验收规范》GB 50205—2001第6.3.2条的规定进行终拧扭矩检查	观察检查及按下述"3.紧固件连接工程检验项目"中的规定	按节点数抽查10%,但不应少于10个节点,被抽查节点中梅花头未拧掉的扭剪型高强度螺栓连接副全数进行终拧扭矩检查

(2) 一般项目检验

高强度螺栓连接一般项目检验见表6-5。

一般项目检验 表6-5

序号	项目	合格质量标准	检验方法	检查数量
1	初拧、复拧扭矩	高强度螺栓连接副的施拧顺序和初拧、复拧扭矩应符合设计要求和国家现行行业标准《钢结构高强度螺栓连接的设计施工及验收规程》JGJ 82的规定	检查扭矩扳手标定记录和螺栓施工记录	全数检查资料
2	连接外观质量	高强度螺栓连接副终拧后,螺栓丝扣外露应为2～3扣,其中允许有10%的螺栓丝扣外露1扣或4扣	观察检查	按节点数抽查5%,且不应少于10个
3	摩擦面外观	高强度螺栓连接摩擦面应保持干燥、整洁,不应有飞边、毛刺、焊接飞溅物、焊疤、氧气铁皮、污垢等,除设计要求外摩擦面不应涂漆	观察检查	全数检查
4	扩孔	高强度螺栓应自由穿入螺栓孔。高强度螺栓孔不应采用气割扩孔,扩孔数量应征得设计同意,扩孔后的孔径不应超过1.2d(d为螺栓直径)	观察检查及用卡尺检查	被扩螺栓孔全数检查
5	螺栓球节点	螺栓球节点网架总拼完成后,高强度螺栓与球节点应紧固连接,高强度螺栓拧入螺栓球内的螺纹长度不应小于1.0d(d为螺栓直径),连接处不应出现有间隙、松动等未拧紧情况	普通扳手及尺量检查	按节点数抽查5%,且不应少于10个

(3) 紧固件连接工程检验项目

1) 螺栓实物最小荷载检验。

目的:测定螺栓实物的抗拉强度是否满足现行国家标准《紧固件机械性能 螺栓、螺钉和螺柱》GB/T 3098.1的要求。

检验方法:用专用卡具将螺栓实物置于拉力试验机上进行拉力试验,为避免试件承受横向荷载,试验机的夹具应能自动调正中心,试验时夹头张拉的移动速度不超过25mm/min。

螺栓实物和抗接强度应根据螺纹应力截面积(A_s)计算确定,其取值应按现行国家标准《紧固件机械性能 螺栓、螺钉和螺柱》GB/T 3098.1的规定取值。

进行试验时,承受拉力荷载的未旋合的螺纹长度应为6个以上螺距;当试验拉力达到现行国家标准《紧固件机械性能 螺栓、螺钉和螺柱》GB/T 3098.1中规定的最小拉载荷($A_s \cdot \sigma_b$)时不得断裂。当超过最小拉力荷载直至拉断时,断裂应发生在杆部或螺纹部分,而不应发生在螺头与杆部的交接处。

2) 扭剪型高强度螺栓应在施工现场待安装的螺栓批中随机抽取,每批应抽取8套连接副进行复验。

连接副预拉力可采用经计量检定、校准合格的轴力计进行测试。

试验用的电测轴力计、油压轴力计、电阻应变仪、扭矩扳手等计量器具,应在试验前进行标定,其误差不得起过2%。

采用轴力计方法复验连接副预拉力时,应将螺栓直接插入轴力计。紧固螺栓分初拧、终拧两次进行,初拧应采用手动扭矩扳手或专用定扭电动扳手;初拧值应为预拉力标准值50%左右。终拧应采用专用电动扳手,至尾部梅花头拧掉,读出预拉力值。

每套连接副只应做一次试验,不得重复使用。在紧固中垫圈发生转动时,应更换连接副,重新试验。

复验螺栓连接副的预拉力平均值和标准偏差应符合表6-6的规定。

扭剪型高强度螺栓紧固预拉力和标准偏差(kN) 表6-6

螺栓直径(mm)	16	20	(22)	24
紧固预拉力的平均值(kN)	99~120	154~186	191~231	222~270
标准偏差(kN)	10.1	15.7	19.5	22.7

3)高强度螺栓连接副施工扭矩检验。

高强度螺栓连接副扭矩检验含初拧、复拧、终拧扭矩的现场无损检验。检验所用的扭矩扳手其扭矩精度误差应该不大于3%。

高强度螺栓连接副扭矩检验分扭矩法检验和转角法检验两种,原则上检验法与施工法应相同。扭矩检验应在施拧1h后,48h内完成。

① 扭矩法检验。

检验方法:在螺尾端头和螺母相对位置画线,将螺母退回60°左右,用扭矩扳手测定拧回至原来位置时的扭矩值。该扭矩值与施工扭矩值的偏差在10%以内为合格。

高强度螺栓连接副终拧扭矩值按下式计算:

$$T_c = K \cdot P_c \cdot d$$

式中 T_c——终拧扭矩值(N·m);

P_c——施工预拉力值标准值(kN),见表6-6;

d——螺栓公称直径(mm);

K——扭矩系数,按下述(4)的规定试验确定。

高强度大六角头螺栓连接副初拧扭矩值可按0.5倍取值。

扭剪型高强度螺栓连接副初拧扭矩值T_0可按下式计算:

$$T_0 = 0.065 P_c \cdot d$$

式中 T_0——初拧扭矩值(N·m);

P_c——施工预拉力值标准值(kN),见表6-7;

d——螺栓公称直径(mm);

② 转角法检验。

检验方法:a. 检查初拧后在螺母与相对位置所画的终拧起始线和终止线所夹的角度是否达到规定值。b. 在螺尾端头和螺母相对位置画线,然后全部卸松螺母,再按规定的初拧扭矩和终拧角度重新拧紧螺栓,观察与原画线是否重合。终拧转角偏差在10°以内为合格。终拧转角与螺栓直径、长度等因素有关,应由试验确定。

③ 扭剪型高强度螺栓施工扭矩检验。

检验方法：观察尾部梅花头拧掉情况。尾部梅花头被拧掉者视同其终拧扭矩达到合格质量标准；尾部梅花头未被拧掉者应按上述扭矩法或转角法检验。

高强度螺栓连接副施工预拉力标准值（kN） 表6-7

螺栓的性能等级	螺栓公称直径（mm）					
	M16	M20	M22	M24	M27	M30
8.8S	75	120	150	170	225	275
10.9S	110	170	210	250	320	390

4）高强度大六角头螺栓连接副扭矩系数复验。

复验用螺栓应在施工现场待安装的螺栓批中随机抽取，每批应抽取8套连接副进行复验。

连接副扭矩系数复验用的计量器具应在试验前进行标定，误差不得超过2%。

每套连接副只应做一次试验，不得重复使用。在紧固中垫圈发生转动时，应更换连接副，重新试验。

连接副扭矩系数的复验应将螺栓穿入轴力计，在测出螺栓预拉力 P 的同时，应测出施加在螺母上的施扭矩值 T，并应按下式计算扭矩系数 K。

$$K = \frac{T}{P \cdot d}$$

式中　T——施拧扭矩（N·m）；
　　　d——高强度螺栓的公称直径（mm）；
　　　P——螺栓预拉力（kN）。

进行连接副扭矩系数试验时，螺栓预拉力值应符合表6-8的规定。

螺栓预拉力值范围（kN） 表6-8

螺栓规格（mm）		M16	M20	M22	M24	M27	M30
预拉力值 P	10.9S	93~113	142~177	175~215	206~250	265~324	325~390
	8.8S	62~78	100~120	125~150	140~170	185~225	230~275

每组8套连接副扭矩系数的平均值应为0.110~0.150，标准偏差小于或等于0.010。

扭剪型高强度螺栓连接副采用扭矩法施工时，其扭矩系数亦按规定确定。

5）高强度螺栓连接摩擦面的抗滑移系数检验。

① 基本要求。制造厂和安装单位应分别以钢结构制造批为单位进行抗滑移系数检验。制造批可按分部（子分部）工程划分规定的工程量每2000t为一批，不足2000t的可视为一批。选用两种及两种以上表面处理工艺时，每种处理工艺应单独检验。每批三组试件。抗滑移系数检验应采用双摩擦面的二栓拼接的拉力试件。

抗滑移系数检验用的试件应由制造厂加工，试件与所代表的钢结构构件应为同一材质、同批制作、采用同一摩擦面处理工艺和具有相同的表面状态，并应用同批同一性能等级的高强度螺栓连接副，在同一环境条件下存放。

试件钢板的厚度 t_1、t_2 应根据钢结构工程中有代表性的板材厚度来确定，同时应考虑在摩擦面滑移之前，试件钢板的净截面始终处于弹性状态；宽度 b 可参照表6-9规定取值。L_1 应根据试验机夹具的要求确定。

试件板的宽度（mm） 表6-9

螺栓直径 d	16	20	22	24	27	30
板宽 b	100	100	105	110	120	120

试件板面应平整，无油污，孔和板的边缘无飞边、毛刺。

② 试验方法。试验用的试验机误差应在1%以内。

试验用的贴有电阻片的高强度螺栓、压力传感器和电阻应变仪应在试验前用试验机进行标定，其误差应在2%以内。

试件的组装顺序应符合下列规定：

先将冲钉打入试件孔定位，然后逐个换成装有压力传感器或贴有电阻片的高强度螺栓，或换成同批经预拉力复验的扭剪型高强度螺栓。

紧固高强度螺栓应分初拧、终拧。初拧应达到螺栓预拉力标准值的50%左右。终拧后，螺栓预拉力应符合下列规定：

a. 对装有压力传感器或贴有电阻片的高强度螺栓，采用电阻应变仪实测控制试件每个螺栓的预拉力值在 $0.95P \sim 1.05P$（P 为高强度螺栓设计预拉力值）之间；

b. 不进行实测时，扭剪型高强度螺栓的预拉力（紧固轴力）可按同批复验预拉力的平均值取用。

试件应在其侧面画出观察滑移的直线。

将组装好的试件置于拉力试验机上，试件的轴线应与试验机夹具中心严格对中。加荷时，应先加10%的抗滑移设计荷载值，停1min后，再平稳加荷，加荷速度为 $3 \sim 5$ kN/s。直拉至滑移破坏，测得滑移荷载。

在试验中当发生以下情况之一时，所对应的荷载可定为试件的滑移荷载：

① 试验机发生回针现象；

② 试件侧面画线发生错动；

③ $X-Y$ 记录仪上变形曲线发生突变；

④ 试件突然发生"嘣"的响声。

抗滑移系数，应根据试验所测得的滑移荷载 N 和螺栓预拉力 P 的实测值，按下式计算，宜取小数点二位有效数字。

$$\mu = \frac{N_v}{n_f \cdot \sum_{i=1}^{m} P_i}$$

式中 N_v——由试验测得的滑移荷载（kN）；

n_f——摩擦面面数；取 $n_f = 2$；

$\sum P_i$——试件滑移一侧高强度螺栓预拉力实测值（或同批螺栓连接副的预拉力平均值）之和（取三位有效数字）(kN)；

m——试件一侧螺栓数量，取 $m = 2$。

6.3 紧固件连接常见质量问题的预防与处理

6.3.1 铆接质量通病及防治

（1）质量通病现象

外观和材质不符合设计要求。

（2）预防、治理措施

铆钉由于运输、存放、保管不当，表面生锈、沾有污物、螺纹损伤，材质和制作工艺不合理等都会造成铆钉规格不符合设计要求。

因此在储运时应轻装、轻卸，防止损伤螺纹；存放、保管必须按规定进行，防止生锈和沾染污物。制作出厂必须有质量保证书，严格制作工艺流程。

6.3.2 普通紧固件连接质量通病及防范

（1）螺栓规格不符合设计要求

1）质量通病现象

外观和材质不符合设计要求。

2）预防治理措施

螺栓由于运输、存放、保管不当，表面生锈、沾染污物、螺纹损伤、材质和制作工艺不合理等都会造成螺栓规格不符合设计要求。因此，在储运时应轻装、轻卸、防止损伤螺纹；存放、保管必须按规定进行，防止生锈和沾染污物。制作出厂必须有质量保证书，严格制作工艺流程。

（2）螺栓与连接件不匹配

1）质量通病现象

螺栓规格偏大或者连接件规格偏大；螺栓规格偏小或者连接件规格偏小。

2）预防治理措施

在连接之前，按设计要求对螺栓和连接件进行检查，对不符合设计要求的螺栓或者连接件进行替换。

（3）螺栓间距偏差过大

1）质量通病现象

螺栓排列间距超过最大或最小容许距离。

2）预防治理措施

在螺栓排列时，严格按照设计要求排列，其间距必须遵照规范要求。

（4）螺栓实物抗拉强度不符合要求

1）质量通病现象

螺栓实物抗拉强度不满足要求。

2）预防治理措施

使用前进行检验，不符合要求的退货。

（5）螺栓没有紧固

1）质量通病现象

螺栓紧固不牢靠，出现脱落或松动现象。

2）预防治理措施

普通螺栓连接对螺栓紧固轴力没有要求，因此螺栓的紧固施工以操作者的手感及连接接头的外形控制为准，通俗地讲就是一个操作工使用普通扳手靠自己的力量拧紧螺母即可，保证被连接件接触面能密贴，无明显的间隙，这种紧固施工方式虽然有很大的差异性，但能满足连接要求。为了使连接接头中螺栓受力均匀，螺栓的紧固次序应从中间开始，对称向两边进行；对大型接头应采用复拧，即两次紧固方法，保证接头内各个螺栓能均匀受力。

按连接节点数抽查10%，且应不少于3个。

普通螺栓连接螺栓紧固检验比较简单，一般采用锤击法，即用0.3kg小锤，一手扶螺栓头（或螺母），另一手用锤敲，要求螺栓头（或螺母）不偏移、不颤动、不松动，锤声比较脆，否则说明螺栓紧固质量不好，需要重新紧固施工。

6.3.3 高强度螺栓连接质量通病及防治

（1）高强度螺栓扭矩系数不符合设计要求

1）质量通病现象

高强度螺栓的扭矩系数大于0.15或者小于0.11。

2）预防治理措施

① 加强高强度螺栓的储运和保管，螺栓、螺母、垫圈不能生锈，螺纹不能损伤或沾上脏物。制作厂按批配套进货，必须具有相应的出厂质量保证书。安装时必须按批内配套使用，并且要求按数量领取。

② 螺孔不能错位，不能强行打入，以免降低扭矩系数。

③ 高强度螺栓初、终拧相隔时间不能过长（必须在同一天内完成），必须在晴天施工。

④ 大六角头高强度螺栓施工前，应按出厂批复验高强度螺栓的扭矩系数，每批复检8套，8套扭矩系数的平均值应在0.110~0.150的范围之内，其标准差小于或等于0.010。

（2）高强度螺栓摩擦面抗滑移系数不符合设计要求

1）质量通病现象

高强度螺栓摩擦面抗滑移系数最小值小于设计规定值。

2）预防治理措施

① 高强度螺栓连接摩擦面加工，可采用喷砂、喷（抛）丸和砂轮打磨方法，如采用砂轮打磨方法，打磨方法与构件受力方向垂直，且打磨范围不得小于螺栓直径的4倍。

② 对于加工好的抗滑移面，必须采取保护措施，不能沾有污物。

③ 尽量选择同一材质、同一摩擦面处理工艺、同批制作、使用同一性能等级的螺栓。

④ 制作厂应在钢结构制作的同时进行抗滑移系数试验，安装单位应检验运到现场的钢结构构件摩擦面抗滑移系数是否符合设计要求。不符合要求不能出厂或者不能在工地上进行安装，必须对摩擦面做重新处理，重新检验，直到合格为止。为避免偏心对试验值的影响，试验时要求试件的轴线与试验机夹具中心线严格对中。试件连接形式采用双面对接

拼接。

⑤ 高强度螺栓预拉力值的大小对测定抗滑移系数有直接的影响，抗滑移系数应根据试验所测得的滑移荷载 N_v 和螺栓预拉力 P 的实测值。

（3）高强度螺栓连接副预拉力不符合设计要求

1）质量通病现象

高强度螺栓连接副预拉力达不到设计要求（偏小）。

2）预防治理措施

必须测定扭剪型高强度螺栓的连接副预拉力复验，复验用的螺栓应在施工现场待安装的螺栓批中随机抽取，每批应抽取 8 套连接副进行复验，复验合格才能使用。

（4）高强度螺栓连接副终拧扭矩不符合设计要求

1）质量通病现象

高强度螺栓终拧超拧易断或者少拧达不到设计额定值。

2）预防治理措施

① 施工人员必须经过专业培训，取得上岗证后方可操作。施工人员必须严格按照操作规程操作。

② 扭矩扳手必须在使用前校正，校正合格后方可使用。其扭矩误差不得大于 ±3%。

（5）高强度螺栓表面质量

1）质量通病现象

高强度螺栓使用时螺栓表面有无规律裂纹。

2）预防治理措施

① 制造高强度螺栓材料有 45 号钢、35 号钢、20MnTiB 钢、40Cr 钢、20MnTiB 钢、35CrMo 钢、35VB 钢，其化学元素含量要符合要求，没有其他杂质。

② 高强度螺栓锻造、热处理及其他成型工序，都必须按照各工序的合理工艺进行。

③ 严格执行过程检验，发现问题找出原因及时解决，运到现场再一次逐个进行着色探伤。

④ 高强度螺栓连接副终拧后，螺栓螺纹外露应为 2~3 个螺距，其中允许有 10% 的螺栓螺纹外露 1 个螺距或 4 个螺距。

（6）高强度螺栓连接质量

1）质量通病现象

高强度螺栓连接节点无法旋拧，连接顺序错乱等。

2）预防治理措施

设计节点时应考虑专门扳手的可操作空间。连接严格按顺序进行。

（7）高强度螺栓孔不符合要求

1）质量通病现象

高强度螺栓栓孔孔径过大或者过小。

2）预防治理措施

① 制孔必须采用钻孔工艺，因为冲孔工艺会使孔边产生微裂纹，孔壁周围产生冷作硬化现象，降低钢结构疲劳强度，还会使钢板表面局部不平整，所以必须采用经过计量检验合格的高精度的多轴立式钻床或数控机床钻孔。钻孔前，要磨好钻头，并要合理选择切

削余量。

② 同类孔较多，应采用套模制孔；小批量生产的孔，采用样板画线制孔；精度要求较高时，根据实测尺寸，对整体构件采用成品制孔。

③ 制成的螺栓孔应为正圆柱形，孔壁应保持与构件表面垂直。按划线钻孔时，应先试钻，确定中心后开始钻孔。在斜面或高低不平的面上钻孔时，应先用锪孔锪出1个小平面后，再钻孔。孔周边应无毛刺、破裂、喇叭口或凹凸的痕迹，切屑应清除干净。

④ 高强度螺栓应自由穿入螺栓孔。高强度螺栓孔不应采用气割扩孔，扩孔数量应征得设计同意，扩孔后的孔径不应超过 $1.2d$（d 为螺栓直径）。

（8）高强度螺栓接触面有间隙

1）质量通病现象

高强螺栓接触面有间隙。

2）预防治理措施

间隙小于 1.0mm 时不予处理；间隙在 1.0~3.0mm 时将厚板一侧磨成 1:10 的缓坡，使间隙小于 1.0mm；间隙大于 3.0mm 时加垫板，垫板厚度不小于 3mm，最多不超过三层，垫板材质和摩擦面处理方法应与构件相同。

（9）高强度螺栓成品保护不善

1）质量通病现象

高强度螺栓成品保护不善。

2）预防治理措施

① 对于露天使用或接触腐蚀性气体的钢结构，在高强度螺栓拧紧检查验收后，为避免腐蚀气体的侵蚀，防止高强度螺栓的延迟断裂，所以板缝应用腻子进行封闭。腻子配方由安装单位选配。

② 高强度螺栓连接副在工厂制造时，虽经表面防锈处理，有一定的防锈能力，但远不能满足长期使用的防锈要求，故在高强度螺栓连接处，不仅对钢板进行防锈涂漆，对高强度螺栓连接副也应进行防锈涂漆。

③ 高强度螺栓连接副在运输、保管过程中，应轻装、轻卸，防止损伤螺纹。高强度螺栓连接副应按包装上注明的批号、规格分类保管，室内存放，堆放不宜过高，防止生锈和沾染脏物。高强度螺栓连接副在安装使用前严禁任意开箱。

④ 工地安装时，应按当天高强度螺栓连接副需要使用的数量领取。当天安装剩余的必须妥善保管，不得乱扔、乱放。在安装过程中，不得碰伤螺纹及沾染脏物，以防扭矩系数发生变化。

⑤ 经处理后的高强度螺栓连接摩擦面，应采取保护措施，防止沾染脏物和油污。严禁在高强度螺栓连接处摩擦面上做任何标记。

⑥ 高强度螺栓连接处摩擦面，当搁置时间较长时应注意保护。高强度螺栓连接处施工完毕后，应按构件防锈要求涂刷防锈涂料，螺栓及连接处周边用涂料封闭。

⑦ 螺栓紧固后的防松措施。

为了防止螺栓在紧固后发生松动，应对螺栓螺母的连接采取必要的防松措施。根据其结构性质选用下列方法进行防松处理：

a. 垫放弹簧垫圈防松。可在螺母下面垫一开口弹簧垫圈，螺母紧固后在上下轴向产生弹性压力,可起到防松作用;为防止开口垫圈损伤构件表面,可在开口垫圈下面垫一平垫圈。

b. 副螺母防松。在紧固后的螺母上面,增加一个较薄的副螺母,使两螺母之间产生轴向压力,并增加螺栓、螺母凸凹螺纹的咬合自锁长度,以达到相制约而不使螺母松动;使用副螺母防松的螺栓,在安装前应计算螺栓的准确长度,待防松副螺母紧固后,应使螺栓伸出副螺母外的长度不少于 2 扣螺纹。

c. 不可拆的永久防松。这种防松方法一般应用在不再拆除及更换零、部件的永久工程上。不可拆的永久防松方法是将螺母紧固后,用电焊将螺母与螺栓的相邻位置,对称点焊 3~4 处或将螺母与构件相点焊;另一防松做法是将螺母紧固后,用尖锤或钢冲在螺栓螺母上平面螺纹处进行对称点铆 3~4 处,使螺栓上的螺纹被铆成乱丝呈凹陷,以破坏螺纹,阻止螺母进行旋转,起到防松作用。

在永久防松的措施中,宜采用破坏螺纹的铆点方法,不宜采用电焊点焊法防松,以免增加螺栓、螺母或构件表面局部硬化,加速腐蚀程度。

7 钢零件及钢部件加工工程质量控制

7.1 一般规定

7.1.1 放样与下料的一般规定

1. 放样

（1）放样即是根据已审核过的施工图样，按构件（或部件）的实际尺寸或一定比例画出该构件的轮廓，或将曲面展开成平面，求出实际尺寸，作为制造样板、加工和装配工作的依据。放样是整个钢结构制作工艺中第一道工序，是非常重要的一道工序。因为所有的构件、部件、零件尺寸和形状都必须先进行放样，然后根据其结果数据、图样进行加工，最后才把各个零件装配成一个整体，所以，放样的准确程度将直接影响产品的质量。

（2）放样前，放样人员必须熟悉施工图和工艺要求，核对构件及构件相互连接的几何尺寸和连接有否不当之处。如发现施工图有遗漏或错误，以及其他原因需要更改施工图时，必须取得原设计单位签具设计变更文件，不得擅自修改。

（3）放样使用的钢尺，必须经计量单位检验合格，并与土建、安装等有关方面使用的钢尺相核对。丈量尺寸应分段叠加，不得分段测量后相加累计全长。

（4）放样应在平整的放样台上进行。凡放大样的构件，应以1：1的比例放出实样构件零件，较大难以制作样杆、样板时，可以绘制下料图。

（5）样杆、样板制作时，应按施工图和构件加工要求，作出各种加工符号、基准线、眼孔中心等标记，并按工艺要求预放各种加工余量，然后号上冲印等印记，用磁漆（或其他材料）在样杆、样板上写出工程、构件及零件编号、零件规格孔径、数量及标注有关符号。

（6）放样工作完成，对所放大样和样杆样板（或下料图）进行自检，无误后报专职检验人员检验。

（7）样杆、样板应按零件号及规格分类存放，妥为保存。

2. 下料

（1）下料前，下料人员应熟悉样杆、样板（或下料图）所注的各种符号及标记符号及标记等要求，核对材料牌号及规格、炉批号。

（2）凡型材端部存有倾斜或板材边缘弯曲等缺陷，号料时应去除缺陷部分或先行矫正。

（3）根据割、锯等不同切割要求和对刨、铣加工的零件，预放不同的切割及加工余量和焊接收缩量。

（4）按照样杆、样板的要求，对下料件应号出加工基准线和其他有关标记，并号上冲印等印记。

（5）下料完成，检查所下零件规格、数量等是否有误，并做好下料记录。

7.1.2 切割的一般规定

钢材的切割下料应根据钢材截面形状、厚度以及切割边缘质量要求的不同而分别采用剪切、冲切、锯切、气割方法。

1. 剪切

（1）剪切或剪断的边线，必要时应加工整光，相关接触部分不得产生歪曲。

（2）剪切的材料对主要受静载荷的构件，允许材料在剪断机上剪切，无需再加工。

（3）剪切的材料对受动载荷的构件，必须将截面中存在有害的剪切边清除。

（4）剪切前必须检查核对材料规格、牌号是否符合图纸要求。

（5）剪切前，应将钢板表面的油污、铁锈等清除干净，并检查剪断机是否符合剪切材料强度要求。

（6）剪切时，必须看清断线符号，确定剪切程序。

2. 气割

（1）气割原则上采用自动切割机，也可使用半自动切割机和手工切割，气割所用的可燃气体主要是乙炔、液化石油气和氢气。气割工在操作时，必须检查工作场地和设备，严格遵守安全操作规程。

（2）零件自由端火焰切割面无特殊要求的情况加工精度如下：

粗糙度　200s 以下；

缺口度　1.0mm 以下。

（3）采用气割时应控制切割工艺参数，自动、半自动气割工艺参数见表7-1。

自动、半自动气割工艺参数　　　　　表7-1

剖嘴号码	板厚（mm）	氧气压力（MPa）	乙炔压力（MPa）	气割速度（mm/min）
1	6~10	0.20~0.25	≥0.030	650~450
2	10~20	0.25~0.30	≥0.035	500~350
3	20~30	0.30~0.40	≥0.040	450~300
4	40~60	0.50~0.60	≥0.045	400~300
5	60~80	0.60~0.70	≥0.050	350~250
6	80~100	0.70~0.80	≥0.060	300~200

（4）气割工割完重要的构件时，在割缝两端100~200mm处，加盖本人钢印。割缝出现超过质量要求所规定的缺陷，应上报有关部门，进行质量分析，订出措施后方可返修。

（5）当重要构件厚板切割时应作适当预热处理，或遵照工艺技术要求进行。

7.1.3 矫正、成型的一般规定

钢结构（或钢材）表面上如有不平、弯曲、扭曲、尺寸精度超过允许偏差的规定时，必须对有缺陷的构件（或钢材）进行矫正，以保证钢结构构件的质量。矫正的方法很多，根据矫正时钢材的温度分冷矫正和热矫正两种。冷矫正是在常温下进行的矫正，冷矫时会产生冷硬现象，适用于矫正塑性较好的钢材。对变形十分严重或脆性很大的钢材，如合金钢及长时间放在露天生锈钢材等,因塑性较差不能用冷矫正。热矫正是将钢材加热至700~1000℃的高温内进行,当钢材弯曲变形大,钢材塑性差,或在缺少足够动力设备的情况下才应用热矫正。另外,根据矫正时作用外力的来源与性质来分,矫正分手工矫正、机械矫正、火焰矫正等。矫正和成型应符合以下要求:

（1）钢材的初步矫正,只对影响号料质量的钢材进行矫正,其余在各工序加工完毕后再矫正或成型。

（2）钢材的机械矫正,一般应在常温下用机械设备进行,矫正后的钢材,在表面上不应有凹陷、凹痕及其他损伤。

（3）碳素结构钢和低合金高强度结构钢,允许加热矫正,其加热温度严禁超过正火温度（900℃）。用火焰矫正时,对钢材的牌号为Q345、Q390、35号、45号钢的焊件,不准浇水冷却,一定要在自然状态下冷却。

（4）弯曲加工分常温和高温,热弯时所有需要加热的型钢,宜加热到880~1050℃,并采取必要措施使构件不致"过热",当温度降低到普通碳素结构钢700℃,低合金高强度结构钢800℃,构件不能再进行热弯,不得在蓝脆区段（200~400℃）进行弯曲。

（5）热弯的构件应在炉内加热或电加热,成型后有特殊要求者再退火。冷弯的半径应为材料厚度的2倍以上。

7.1.4 边缘加工的一般规定

通常采用刨和铣加工对切割的零件边缘加工,以便提高零件尺寸精度,消除切割边缘的有害影响,加工焊接坡口,提高截面光洁度,保证截面能良好传递较大压力。边缘加工应符合以下要求:

（1）气割的零件,当需要消除影响区进行边缘加工时,最少加工余量为2.0mm。

（2）机械加工边缘的深度,应能保证把表面的缺陷清除掉,但不能小于2.0mm,加工后表面不应有损伤和裂缝,在进行砂轮加工时,磨削的痕迹应当顺着边缘。

（3）碳素结构钢的零件边缘,在手工切割后,其表面应作清理,不能有超过1.0mm的不平度。

（4）构件的端部支承边要求刨平顶紧和构件端部截面精度要求较高的,无论是什么方法切割和用何种钢材制成的,都要刨边或铣边。

（5）施工图有特殊要求或规定为焊接的边线要进行刨边,一般板材或型钢的剪切边不需刨光。

（6）刨削时直接在工作台上用螺栓和压板装夹工件时,通用工艺规则如下:

1) 多件画线毛坯同时加工时,装夹中心必须按工件的加工线找正到同一平面上,以保证各工件加工尺寸的一致。

2) 在龙门刨床上加工重而窄的工件,需偏于一侧加工时,应尽量两件同时加工或在另一侧加配重,以使机床的两边导轨负荷平衡。

3) 在刨床工作台上装夹较高的工件时,应加辅助支承,以使装夹牢靠和防止加工中工件变形。

4) 必须合理装夹工件,以工件迎着走刀方向和送给方向的两个侧边紧靠定位装置,而另两个侧边应留有适当间隙。

（7）关于铣刀和铣削量的选择，应根据工件材料和加工要求决定，合理的选择是加工质量的保证。

7.1.5 制孔的一般规定

构件使用的高强度螺栓、半圆头铆钉、自攻螺钉等用孔的制作方法可有：钻孔、铣孔、冲孔、铰孔等。制孔加工过程应注意以下事项：

（1）构件制孔优先采用钻孔，当证明某些材料质量、厚度和孔径，冲孔后不会引起脆性时允许采用冲孔。

厚度在5mm以下的所有普通结构钢允许冲孔，次要结构厚度小于12mm允许采用冲孔。在冲切孔上，不得随后施焊（槽形），除非证明材料在冲切后，仍保留有相当韧性，则可焊接施工。一般情况下，在需要所冲的孔上再钻大时，则冲孔必须比指定的直径小3mm。

（2）钻孔前，一是要磨好钻头，二是要合理地选择切削余量。

（3）制成的螺栓孔，应为正圆柱形，并垂直于所在位置的钢材表面，倾斜度应小于1/20，其孔周边应无毛刺、破裂、喇叭口或凹凸的痕迹，切屑应清除干净。

7.2 钢零件及钢部件加工质量控制与验收

7.2.1 切割质量检验

（1）主控项目检验

钢结构零、部件切割主控项目检验见表7-2。

主控项目检验　　　　表7-2

序号	项目	合格质量标准	检验方法	检查数量
1	切割面、剪切面质量	钢材切割面或剪切面应无裂纹、夹渣、分层和大于1mm的缺棱	观察或用放大镜及百分尺检查，有疑义时作渗透、磁粉或超声波探伤检查	全数检查

（2）一般项目检验

钢结构零、部件切割一般项目检验见表7-3。

一般项目检验　　　　表7-3

序号	项目	合格质量标准	检验方法	检查数量
1	气割精度	气割的允许偏差应符合表7-4的规定	观察检查或用钢尺、塞尺检查	按切割面数抽查10%，且不应少于3个
2	机械剪切精度	剪切的允许偏差应符合表7-5的规定	观察检查或用钢尺、塞尺检查	按切割面数抽查10%，且不应少于3个

气割的允许偏差（mm） 表 7-4

项 目	允 许 偏 差	项 目	允 许 偏 差
零件宽度、长度	±3.0	割纹深度	0.3
切割面平面度	0.05t，且不应大于 2.0	局部缺口深度	1.0

注：t 为切割面厚度。

机械剪切的允许偏差（mm） 表 7-5

项 目	允 许 偏 差	项 目	允 许 偏 差
零件宽度、长度	±3.0	型钢端部垂直度	2.0
边缘缺棱	1.0		

7.2.2 矫正、成型的质量检验

（1）主控项目检验

钢结构零部件矫正、成型主控项目检验见表 7-6。

主控项目检验 表 7-6

序号	项目	合 格 质 量 标 准	检验方法	检查数量
1	矫正	碳素结构钢在环境温度低于 −16℃、低合金结构钢在环境温度低于 −12℃时，不应进行冷矫正和冷弯曲。碳素结构钢和低合金结构钢在加热矫正时，加热温度不应超过 900℃。低合金结构钢在加热矫正后应自然冷却	检查制作工艺报告和施工记录	全数检查
2	成型	当零件采用热加工成型时，加热温度应控制在 900～1000℃；碳素结构钢和低合金结构钢在温度分别下降到 700℃和 800℃之前，应结束加工；低合金结构钢应自然冷却	检查制作工艺报告和施工记录	全数检查

（2）一般项目检验

钢结构零、部件矫正、成型一般项目检验见表 7-7。

一般项目检验 表 7-7

序号	项目	合 格 质 量 标 准	检验方法	检查数量
1	矫正质量	矫正后的钢材表面，不应有明显的凹面或损伤，划痕深度不得大于 0.5mm，且不应大于该钢材厚度负允许偏差的 1/2	观察检查和实测检查	全数检查
2	矫正质量	冷矫正和冷弯曲的最小曲率半径和最大弯曲矢高应符合表 7-8 的规定	观察检查和实测检查	按冷矫正和冷弯曲的件数抽查 10%，且不少于 3 个
3	矫正质量	钢材矫正后的允许偏差，应符合表 7-9 的规定	观察检查和实测检查	按矫正件数抽查 10%，且不应少于 3 件

冷矫正和冷弯曲的最小曲率半径和最大弯曲矢高（mm）　　表7-8

钢材类别	图例	对应轴	矫正 r	矫正 f	弯曲 r	弯曲 f
钢板、扁钢		$x-x$	$50t$		$25t$	
		$y-y$（仅对扁钢轴线）	$100b$		$50b$	
角钢		$x-x$	$90b$		$45b$	
槽钢		$x-x$	$50h$		$25h$	
		$y-y$	$90b$		$45h$	
工字钢		$x-x$	$50h$		$25h$	
		$y-y$	$50b$		$25b$	

注：r 为曲率半径；f 为弯曲矢高；t 为钢板厚度；b 为翼缘宽；h 为截面高度。

钢材矫正后的允许偏差（mm）　　表7-9

项目		允许偏差	图例
钢板的局部平面度	$t \leq 14$	1.5	
	$t > 14$	1.0	
型高弯曲矢高		1/1000 且不应大于5.0	
角钢肢的垂直度		$b/100$ 双肢栓接角钢的角度不得大于90°	
槽钢翼缘对腹板的垂直度		$b/80$	
工字钢、H型钢翼缘对腹板的垂直度		$b/100$ 且不大于2.0	

7.2.3 边缘加工质量检验

（1）主控项目检验

钢结构零部件边缘加工主控项目检验见表7-10。

主控项目检验　　　　　　　　　　　　　　　表 7-10

项　目	合格质量标准	检验方法	检查数量
边缘加工	为消除切割对主体钢材造成的冷作硬化和热影响的不利影响，使加工边加工达到设计规范中关于加工边缘应力取值和压杆曲线的有关要求，规定边缘加工的最小刨削量不应小于2.0mm	检查制作工艺报告和施工记录	全数检查

（2）一般项目检验

钢结构零部件边缘加工一般项目检验见表 7-11。

一般项目检验　　　　　　　　　　　　　　　表 7-11

项　目	合格质量标准	检验方法	检查数量
边缘加工精度	边缘加工允许偏差应符合表7-12的规定	观察检查和实测检查	按加工面数抽查10%，且不应少于3件

边缘加工允许偏差　　　　　　　　　　　　　表 7-12

项　目	允许偏差（mm）	项　目	允许偏差（mm）
零件宽度、长度	±1.0	加工面垂直度	$0.025t$，且不应大于0.5
加工边直线度	$l/3000$，且不应大于2.0	加工面表面粗糙度	50∕
相邻两边夹角	±6′		

7.2.4　管、球加工质量检验

（1）主控项目检验

钢结构零部件管、球加工主控项目检验见表 7-13。

主控项目检验　　　　　　　　　　　　　　　表 7-13

序号	项　目	合格质量标准	检验方法	检查数量
1	螺栓球加工	螺栓球成型后，不应有裂纹、褶皱、过烧	10倍放大镜观察检查或表面探伤	每种规格抽查10%，且不应少于5个
2	焊接球加工	钢板压成半圆球后，表面不应有裂纹、褶皱；焊接球其对接坡口应采用机械加工，对接焊缝表面应打磨平整	10倍放大镜观察检查或表面探伤	每种规格抽查10%，且不应少于5个

（2）一般项目检验

钢结构零、部件管、球加工一般项目检验见表 7-14。

一般项目检验　　　　　　　　　　　　　　　　表7-14

序号	项目	合格质量标准	检验方法	检查数量
1	螺栓球加工精度	螺栓球加工的允许偏差应符合表7-15的规定		每种规格抽查10%，且不应少于5个
2	焊接球加工精度	焊接球加工的允许偏差应符合表7-16的规定打磨平整		每种规格抽查10%，且不少于3个
3	管件加工精度	钢网架（桁架）用钢管杆件加工的允许偏差应符合表7-17的规定		每种规格抽查10%，且不应少于5根

螺栓球加工的允许偏差（mm）　　　　　　　　表7-15

项目		允许偏差	检验方法
圆度	$d \leqslant 120$	1.5	用卡尺和游标卡尺检查
	$d > 120$	2.5	
同一轴线上两铣平面平行度	$d \leqslant 120$	0.2	用百分表V形块检查
	$d > 120$	0.3	
铣平面距离中心距离		±0.2	用游标卡尺检查
相邻两螺栓孔中心线夹角		±30′	用分度头检查
两铣平面与螺栓孔轴垂直度		0.005r	用百分表检查
球毛坯直径	$d \leqslant 120$	+2.0 -0.1	用卡尺和游标卡尺检查
	$d > 120$	+3.0 -1.5	

焊接球加工的允许偏差（mm）　　　　　　　　表7-16

项目	允许偏差	检验方法
直径	±0.0005d ±2.5	用卡尺和游标卡尺检查
圆度	2.5	用卡尺和游标卡尺检查
壁厚减薄量	0.13t，且不应大于1.5	用卡尺和测厚仪检查
两半球对口错边	1.0	用套模和游标卡尺检查

钢网架（桁架）用钢管杆件加工的允许偏差（mm）　　表7-17

项目	允许偏差	检验方法
长度	±1.0	用钢尺和百分表检查
端面对管轴的垂直度	0.005r	用百分表V形块检查
管口曲线	1.0	用套模和游标卡尺检查

7.2.5 制孔质量检验

（1）主控项目检验

钢结构零部件制孔主控项目检验见表7-18。

主控项目检验 表7-18

项 目	合格质量标准	检验方法	检查数量
制孔	A、B级螺栓孔（I类孔）应具有H12的精度，孔壁表面粗糙度不应该大于12.5μm。其孔径允许偏差应符合表7-19的规定。 C级螺栓孔（II类孔），孔壁表面粗糙度不应大于25μm，其允许偏差应符合表7-20的规定	用游标卡尺或孔径量规检查	按钢构件数量抽查10%，且不应少于3件

A、B级螺全孔径的允许偏差（mm） 表7-19

序号	螺栓公称直径、螺栓孔直径	螺径公称直径允许偏差	螺栓孔直径允许偏差
1	10～18	0.00～0.18	+0.18 0.00
2	18～30	0.00～0.21	+0.21 0.00
3	30～50	0.00～0.25	+0.25 0.00

C级螺栓孔的允许偏差（mm） 表7-20

项 目	允 许 偏 差	项 目	允 许 偏 差
直径	+1.0 0.0	垂直度	$0.03t$，且不应大于2.0
圆度	2.0		

（2）一般项目检验

钢结构零部件制孔一般项目检验见表7-21。

一般项目检验 表7-21

序号	项 目	合 格 质 量 标 准	检验方法	检查数量
1	制孔精度	螺栓孔孔距的允许偏差应符合表7-22的规定	用钢尺检查	按钢构件数量抽查10%，且不应少于3件
2	重新制孔	螺栓孔孔距的允许偏差超过《钢结构工程施工质量验收规范》GB 50205—2001表7-22规定的允许偏差时，应采用与母材材质相匹配的焊条补焊后重新制孔	观察检查	全数检查

螺栓孔孔距允许偏差（mm） 表7-22

螺栓孔孔距范围	≤500	501～1200	1201～3000	>3000
同一组内任意两孔间距离	±1.0	±1.5	—	—
相邻两组的端孔间距离	±1.5	±2.0	±2.5	±3.0

注：1. 在节点中连接板与一根杆件相连的所有螺栓孔为一组。
  2. 对接接头在拼接板一侧的螺栓孔为一组。
  3. 在两相邻节点或接头间的螺栓孔为一组，但不包括上述两款所规定的螺栓孔。
  4. 受弯构件翼缘上的连接螺栓孔，每米长度范围内的螺栓孔为一组。

7.3 钢零件及钢部件加工常见质量问题的预防与处理

7.3.1 钢零件及钢部件加工材料质量通病及防治

1. 材料品种和规格不符合要求

（1）质量通病现象

钢材表面有锈蚀、麻点和划痕深度大，药皮脱落，焊芯生锈，焊剂受潮结块或已熔烧过，高强度螺栓碰伤或混批。

（2）预防治理措施

钢材应具有质量证明书，并应符合设计要求。

当对钢材的质量有疑义时，应按国家现行有关标准的规定进行抽样检验，其结果应符合国家标准的规定和设计文件的要求方可采用，且必须出具中文标志和检验报告。

2. 钢材选用偏差

（1）质量通病现象

选用的钢材不符合加工要求。

（2）预防治理措施

影响钢材的选用的主要因素：

1）结构等级。建筑钢结构及其构件按其用途、部位和破坏后果的严重性，可分为重要的、一般的和次要的三类，相应的安全等级则为一级、二级和三级。如对大跨度屋架、重级工作制吊车梁等按一级考虑，故应选用质量好的钢材；对一般屋架、梁和柱等按二级考虑；对其他如梯子、平台、栏杆等则按三级考虑，故可采用质量较低的钢材。

2）荷载特性。结构所受荷载分静力荷载和动力荷载两种，且直接承受动力荷载的构件如吊车梁还有经常满载（重级工作制）和不经常满载（中、轻级工作制）的区别，因此，当荷载特征不同时，对钢材的品种和质量等级应作不同的选择。

3）连接方法。钢结构的连接方法有焊接和非焊接（采用紧固件连接）之分。焊接结构由于焊接过程的不均匀加热和冷却，对钢材产生不利影响，故宜选用碳、硫、磷含量较低，塑性和韧性指标较高，可焊性较好的钢材。

4）工作条件。结构的工作环境对钢材有很大影响，在下列情况下的承重结构不宜采用沸腾钢：

① 焊接结构：重级工作制吊车梁、吊车桁架或类似结构；冬季计算温度等于或低于 $-20℃$ 时的轻、中级工作制吊车梁、吊车桁架或类似结构；以及冬季计算温度等于或低于 $-30℃$ 时的其他承重结构。

② 非焊接结构：冬季计算温度等于或低于 $-20℃$ 时的重级工作制吊车梁、吊车桁架或类似结构。

3. 钢材代用错误

（1）质量通病现象

钢材代用时，代用钢材的强度、刚度比原用钢材小，截面规格难在实际工程中使用。

（2）预防治理措施

1) 钢材的化学成分应符合钢的化学成分的标准规定；其允许偏差应符合表 7-23 的规定。

钢材化学成分允许偏差　　　　　　　表 7-23

元素	允　　许　　偏　　差	
	Q235A·Z	Q345
C	+0.03，-0.02	±0.02
Si		±0.05
Mn	+0.05，-0.03	±0.10
S	±0.005	
P		±0.05

注：Q235A·F 的化学成分偏差不作保证。

2) 对于造成混批的钢材，当用于主要承重结构时，必须逐一（型钢逐根，板材逐张）按现行标准对其机械性能和化学成分进行试验，如检验不符合要求时，可根据实际性能用于非承重结构构件。

3) 钢材机械性能所需规定的保证项目仅有一项不合格时，经设计或有关主管技术部门确定，一般可按如下原则处理：

① 抗拉强度比钢材的机械性能表规定的下限值低 5% 以内时允许使用，当其冷弯合格时，抗拉强度之上限值可以不限。

② 伸长率比规定的数值低 5% 以内时允许使用，但不宜用在塑性变形易于发展的构件。

③ 屈服点比规定的数值低 5% 以内时，可按比例折减允许应力。

④ 冷弯角为 $150° < \alpha < 180°$ 时，可允许用于铆接或螺栓连接焊接结构的次要构件上。

⑤ 冲击韧性不允许降低。

4) 对于无牌号或无证明书的钢材原则上不允许使用，但经过设计允许的条件下，一般可按下列情况处理：

① 经试验证明其机械性能和化学成分符合《碳素结构钢》GB/T 700 中所列的钢号的要求，但未查明其冶炼方法时，可按相应的氧气转炉沸腾钢使用。

② 如有充分根据证明其为平炉或氧气转炉钢，但未查明其为镇静钢时，可按相应的沸腾钢使用。

③ 按现行标准试验证明其机械性能和化学成分符合《低合金高强度结构钢》GB/T 1519 中所列的 Q345 钢的要求时，可用于一般结构承重构件。

5) 由于备料规格不能完全满足设计要求，需要代用钢材时，应按下列原则进行：

① 代用钢材的机械性能和化学成分应与原设计一致。

② 代用钢材时，应认真复核构件的强度、稳定性和刚度；特别要注意因材料代用可能产生的偏心影响，在机械性能达到保证的条件下，还应兼顾同厚度、截面一致规格材料。

③ 因代用材料可能引起构件之间连接尺寸与设计要求有变动或不符，设计者应在代用材料时给予合理的修改。

④ 代用钢材时不可以大代小，引起自重荷载增加，导致结构的疲劳，应在可能的范

围内尽量做到使用上和经济上合理。

4. 结构钢材代用偏差

（1）质量通病现象

结构钢材代用时，代用的结构钢材不能满足设计要求。

（2）预防治理措施

1）当钢号满足设计要求，而生产厂提供的材质保证书中缺少设计提出的部分性能要求时，应做补充试验，合格后方能使用。补充试验的试件数量，每炉钢材、每种型号规格一般不宜少于3个。

2）当钢材性能满足设计要求，而钢号的质量优于设计提出的要求，如镇静钢代沸腾钢，平炉钢代顶吹转炉钢等时，应注意节约，不应任意以优代劣，不应使质量差距过大。

3）当钢材品种不全，需用其他专业用钢材代替建筑结构钢材时，应把代用钢材生产的技术条件与建筑钢材的技术条件相对照，以保证代用的安全性和经济合理性。

4）当钢材品种不全，需普通低合金钢相互代用时，应十分谨慎，除机械性能满足设计要求外，在化学成分方面应注意可焊性，重要的结构要有可靠的试验依据。

5）当钢材性能可满足设计要求，而钢号质量低于设计要求时，一般不允许代用。如结构性质和使用条件允许，在材质差距不大的情况下，经设计同意方可代用。

6）当钢材的钢号和技术性能都与设计提出的要求不符时，应检查是否合理和符合有关规定，然后按钢材设计重新计算，改变结构截面、焊缝尺寸和有关节点构造。

7）当钢材规格（尺寸）与设计要求不符，需以小代大或以大代小时，要经计算符合要求后才能代用，不能随意以大代小。

8）当材料规格、品种供应不全，需用不同规格品种的钢材相互代换时，可根据钢材选用原则灵活调整。一般是受拉构件高于受压构件；焊接结构高于螺栓连接结构；厚钢板结构高于薄钢板结构；低温结构高于常温结构；受动力荷载的结构高于静力荷载的结构。

9）当缺乏钢材品种，需采用进口钢材代用时，应验证其化学成分和机械性能是否满足相应钢号的标准。

10）当成批钢材混合，不能确定钢材的钢号和技术性能时，如用于主要承重结构时，必须逐根进行化学成分和机械性能试验，如试验不符合要求时，可根据实际情况用于非承重结构构件。

11）当钢材的化学成分与标准有一定偏差，高于或低于标准值时，钢材的化学成分如在允许偏差范围以内可以使用，否则按甲类钢使用。

12）当钢材机械性能所需的保证项目中，有一项不合要求时，抗拉强度比规定下限值低5%以内时容许使用，屈服点比规定数值低5%以内时，可按比例折减设计强度；当冷弯合格时，抗拉强度之上限值可以不限。

7.3.2 放样与下料施工质量通病及防治

1. 放样偏差

（1）质量通病现象

放样尺寸不精确，导致后序步骤或者工序累积误差。

(2) 预防治理措施

1) 放样环境。放样台是专门用来放样的，放样台分为木质地板和钢质平台，也可在装饰好的室内地坪上进行。木质放样台应设置于室内，光线要充足，干湿度要适宜，放样平台表面应保持平整光洁。木地板放样台应刷上淡色无光漆，并注意防火。钢质地板放样台，一般刷上黏白粉或白油漆，这样可以画出易于辨别清楚的线条，以表示不同的结构形状，使放样台上的图面清晰，不致混乱。如果在地坪上放样，也可根据实际情况采用弹墨线的方法。日常则需保护台面（如不在其上对活、击打、矫正工作等）。

2) 放样准备。放样前，应校对图纸各部尺寸有无不符之处，与土建和其他安装工程分部有无矛盾。如果图纸标注不清，与有关标准有出入或有疑问，自己不能解决时，应与有关部门联系，妥善解决，以免产生错误。如发现图纸设计不合理，需变动图纸上的主要尺寸或发生材料代用时，应向有关部门联系取得一致意见，并在图纸上注明更改内容和更改时间，填写技术变更核定（洽商）单等鉴证。

3) 放样操作。应注意用油毡纸或马粪纸壳材料作样板时引起温度变化所产生的误差。

4) 样板标注。样板制出后，必须在上面注明图号、零件名称、件数、位置、材料牌号、规格及加工符号等内容，以便使下料工作有序进行。同时，应妥善保管样板，防止折叠和锈蚀，以便进行校核，查出原因。

5) 加工裕量。为了保证产品质量，防止由于下料不当造成废品，样板应注意适当预放加工裕量，一般可根据不同的加工量按下列数据进行：

① 自动气割切断的加工裕量为3mm。

② 手工气割切断的加工裕量为4mm。

③ 气割后需铣端或刨边者，其加工裕量为4~5mm。

④ 剪切后无需铣端或刨边的加工裕量为零。

⑤ 对焊接结构零件的样板，除放出上述加工裕量外，还须考虑焊接零件的收缩量。一般沿焊缝长度纵向收缩率为0.03%~0.2%；沿焊缝宽度横向收缩，每条焊缝为0.03~0.75mm；加强肋的焊缝引起的构件纵向收缩，每肋每条焊缝为0.25mm。加工余量和焊接收缩量，应由组合工艺中的拼装方法、焊接方法及钢材种类、焊接环境等决定。

6) 节点放样及制作。焊接球节点和螺栓球节点有专门工厂生产，一般只需按规定要求进行验收，而焊接钢板节点，一般都根据各工程单独制造。焊接钢板节点放样时，先按图纸用硬纸剪成足尺样板，并在样板上标出杆件及螺栓中心线，钢板即按此样板下料。

制作时，钢板相互间先根据设计图纸用电焊点上，然后以角尺及样板为标准，用锤轻击逐渐校正，使钢板间的夹角符合设计要求，检查合格后再进行全面焊接。为了防止焊接变形，带有盖板的节点，在点焊定位后，可用夹紧器夹紧，再全面施焊，如图7-1所示。节点板的焊接顺序，如图7-2所示。同时施焊时应严格控制电流并分皮焊接，例如用φ4的焊条，电流控制在210A以下，当焊缝高度为6mm时，分成两皮焊接。

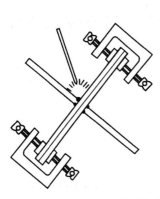

图 7-1　用夹紧器辅助焊接

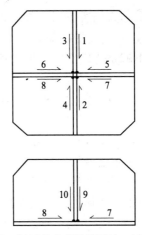

图 7-2　钢板节点焊接顺序 1~10 焊接顺序

为了使焊缝左右均匀，应用船形焊接法。

2. 下料偏差

（1）质量通病现象

钢材下料尺寸与实际尺寸有偏差。

（2）预防治理措施

1）准备好下料的各种工具。如各种量尺、手锤、中心冲、划规、划针和凿子及剪、冲、锯、割等工具。

2）检查对照样板及计算好的尺寸是否符合图纸的要求。如果按图纸的几何尺寸直接在板料上或型钢上下料时，应细心检查计算下料尺寸是否正确，防止由于错误造成的废品。

3）发现材料上有疤痕、裂纹、夹层及厚度不足等缺陷时，应及时与有关部门联系，研究决定后再进行下料。

4）钢材有弯曲和凹凸不平时，应先矫正，以减小下料误差。

5）材料的摆放，两型钢或板材边缘之间至少有 50~100mm 的距离以便画线。规格较大的型钢和钢板放置、摆料要有吊车配合进行，可提高工效，保证安全。

6）角钢及槽钢弯折料长计算，角钢、槽钢内层直角切口计算，焊接收缩量预留计算等必须严格，不能出现误差。

3. 矫正质量通病及防治

（1）质量通病现象

矫正后变形过大；型钢矫正后弯曲度过大。

（2）预防治理措施

1）在钢结构制作过程中，由于原材料变形，气割、剪切变形，焊接变形，运输变形等，影响构件的制作及安装质量。

2）碳素结构钢在环境温度低于 -16℃，低合金结构钢在环境温度低于 -12℃ 时，为避免钢材冷脆断裂不得进行冷矫正和冷弯曲。矫正后的钢材表面不应有明显的凹痕和损伤，表面划痕深度不得大于 0.5mm。

3）当采用火焰矫正时，加热温度应根据钢材性能选定。但不得超过900℃，低合金钢在加热矫正后应慢慢冷却。

4）矫正就是造成新的变形去抵消已经发生的变形。型钢的矫正分机械矫正、手工矫正和火焰矫正等。

5）零件组成的构件变形较复杂，并具有一定的结构刚度，因此矫正时应按以下程序进行：

① 先矫正总体变形，后矫正局部变形。
② 先矫正主要变形，后矫正次要变形。
③ 先矫正下部变形，后矫正上部变形。
④ 先矫正主体构件，后矫正副件。

6）构件混合矫正法：钢结构混合矫正法是依靠综合作用矫正构件的变形。当变形构件符合下列情况之一者，应采用混合矫正法：

① 构件变形的程度较严重，并兼有死弯。
② 变形构件截面尺寸较大，矫正设备能力不足。
③ 构件变形形状复杂。
④ 构件变形方向具有两个及其以上的不同方向。
⑤ 用单一矫正方法不能矫正的变形构件，均采用混合矫正方法进行。

箱形梁的扭曲被矫正后，可能会产生上拱或侧弯的新变形，对上拱变形的矫正，可在上拱处由最高点向两端用加热三角形方法矫正；侧弯矫正时除用加热三角形法单一矫正外，还可边加热边用千斤顶进行矫正。

⑥ 加热三角形的数量多少应按构件变形的程度来确定：

a. 构件变形的弯矩大，则加热三角形的数量要多，间距要近。
b. 构件变形的弯矩小，则加热三角形的数量要少，间距要远。
c. 一般对5m以上长度或截面$100\sim300mm^2$的型钢件用火焰（三角形）矫正时，加热三角形的相邻中心距为$500\sim800mm$，每个三角形的底边宽视变形程度确定，一般应在$80\sim150mm$范围内。

7.3.3 成型质量通病及防治

1. 质量通病现象

（1）外形缺陷：卷弯圆柱形筒身时，常见的外形缺陷有过弯、锥形、鼓形、束腰，边缘歪斜和棱角等缺陷，如图7-3所示。其原因为：

1）过弯：轴辊调节过量［图7-3（a）］。
2）锥形：上下辊的中心线不平行［图7-3（b）］。
3）鼓形：轴辊发生弯曲变形［图7-3（c）］。
4）束腰：上下辊压力和顶力太大［图7-3（d）］。
5）歪斜：板料没有对中［图7-3（e）］。
6）棱角：预弯过大或过小［图7-3（f）］。

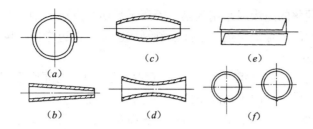

图 7-3 几种常见的外形缺陷
(a) 过弯;(b) 锥形;(c) 鼓形;(d) 束腰;(e) 歪斜;(f) 棱角

(2) 表面压伤:卷板时,钢板或轴辊表面的氧化皮及粘附的杂质,会造成板料表面的压伤。尤其在热卷或热矫时,氧化皮与杂质对板料的压伤更为严重。

(3) 卷裂:板料在卷弯时,由于变形太大、材料的冷作硬化,以及应力集中等因素会使材料的塑性降低而造成裂纹。

2. 预防治理措施

(1) 矫正棱角的方法可采用三辊或四辊卷板机进行,如图7-4所示。

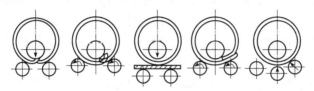

图 7-4 矫正棱角的方法

(2) 表面压伤的防止应注意以下几个点:

1) 在冷卷前必须清除板料表面的氧化皮,并涂上保护涂料。

2) 热卷时宜采用中性火焰,缩短高温度下板料的停留时间,并采用防氧化涂料等办法,尽量减少氧化皮的产生。

3) 卷板设备必须保持干净,轴辊表面不得有锈皮、毛刺、棱角或其他硬性颗粒。

4) 卷板时应不断吹扫内外侧剥落的氧化皮,矫圆时应尽量减少反转次数等。

5) 非铁金属、不锈钢和精密板料卷制时,最好固定专用设备,并将轴辊磨光,消除棱角和毛刺等,必要时用厚纸板或专用涂料保护工作表面。

(3) 卷裂的防止:

1) 对变形率大和脆性的板料,需进行正火处理。

2) 对缺口敏感性大的钢种,最好将板料预热到150~200℃后卷制。

3) 板料的纤维方向,不宜与弯曲线垂直。

4) 对板料的拼接缝必须修磨至光滑平整。

7.3.4 边缘加工质量通病及防治

1. 质量通病现象

钢吊车梁翼缘板的边缘、钢柱脚和肩梁承压支承面以及其他要求刨平顶紧的部位、焊接对接口、焊接坡口的边缘、尺寸要求严格的加劲板、隔板腹板和有孔眼的节点板,以及由于切割下料产生硬化的边缘或采用气割、等离子弧切割方法切割下料产生带有有害组织的热影响区，一般均需边缘加工进行刨边、刨平或刨坡口，边缘加工偏差过大。

2. 预防治理措施

（1）当用气割方法切割碳素钢和低合金钢焊接坡口时，对屈服强度小于400N/mm²的钢材，应将坡口熔渣、氧化层等清除干净，并将影响焊接质量的凹凸不平处打磨平整；对屈服强度不小于400N/mm²的钢材，应将坡口表面及热影响区用砂轮打磨去除淬硬层。

（2）当用碳弧气刨方法加工坡口或清焊根时，刨槽内的氧化层、淬硬层、顶碳或污迹必须彻底打磨干净。

7.3.5 管、球加工质量通病及防治

1. 质量通病现象

钢管、螺栓球加工尺寸偏差超过允许值。

2. 预防治理措施

（1）杆件加工：

1）钢管杆件下料前的质量检验：外观尺寸、品种、规格应符合设计要求。杆件下料应考虑到拼装后的长度变化。尤其是焊接球的杆件尺寸更要考虑到多方面的因素，如球的偏差带来杆件尺寸的细微变化，季节变化带来杆长的偏差。因此杆件下料应慎重调整尺寸，防止下料以后带来批量性误差。

2）杆件下料后应检查是否弯曲，如有弯曲应加以校正。杆件下料后应开坡口，焊接球杆件壁厚在5mm以下，可不开坡口，螺栓球杆件必须开坡口。

3）钢管杆件与封板拼装要求：杆件与封板拼装必须有定位胎具，保证拼装杆件长度一致性。杆件与封板定位后点固，检查焊道深度与宽度，杆件与封板双边应各开30°坡口，并有2～5mm间隙，保证封板焊接质量。封板焊接应在旋转焊接支架上进行，焊缝应焊透、饱满、均匀一致，不咬肉。

4）钢管杆件与锥头拼装要求：杆件与锥头拼装必须有定位胎具，保持拼装杆件长度一致，杆件与锥头定位点固后，检查焊道宽度与深度，杆件与锥头应双边各开30°坡口，并有2～5mm间隙，保证焊缝焊透。锥头焊接应在旋转焊接支架上进行，焊缝应焊透、饱满、均匀一致，不咬肉。

5）螺栓球网架用杆件在小拼前应将相应的高强度螺栓埋入，埋入前对高强度螺栓逐条进行硬度试验和外观质量检查，有疑义的高强度螺栓不能埋入。

（2）杆件制作：

1）当网架用钢管杆件及焊接球节点的方案时，球节点通常由工厂定点制作，而钢管杆件往往在现场加工，加工前首先计算出钢管杆件的下料长度。

2）影响焊接收缩量的因素较多，例如焊缝的尺寸（长、宽、高），外界气温的高低，焊接电流强度，焊接方法（多次循环间隔焊还是集中一次焊），焊工操作技术等。收缩量不易留准确，在经验不足时应结合现场实际情况做实验确定，一般取2～3.5mm。

3）钢管应用机床下料，当壁厚超过4mm时，同时由机床加工成坡口。当用角钢杆件时，同样应预留焊接收缩量，下料时可用剪床或割刀切割。

4）杆件焊接时会对已埋入的高强度螺栓产生损伤，如打火、飞溅等现象，所以在钢

杆件拼装和焊接前应对埋入的高强度螺栓做好保护，防止通电打火起弧，防止飞溅溅入丝扣，故一般在埋入后即加上包裹加以保护。

5）钢杆件应涂刷防锈漆，高强度螺栓应加以保护，防止锈蚀，同一品种、规格的钢杆件应码放整齐。

（3）球加工。

1）加工准备：

① 球材下料尺寸应放出适当余量。

② 螺栓球的画线与加工需经铣平面、分角度、钻孔、攻丝、检验等工序。

2）球材加热：

① 焊接球材加热到600~900℃之间的适当温度。

② 加热后的钢材放到半圆胎架内，逐步压制成半圆形球，压制过程中应尽量减少压薄区与压薄量，采取措施是加热均匀，压制时氧化铁皮应及时清理，半圆球在胎位内能变换位置。

③ 半圆球出胎冷却后，对半圆球用样板修正弧度，然后切割半圆球的平面，注意按半径切割，但应留出拼圆余量。

④ 半圆球修正、切割以后应该打坡口，坡口角度与形式应符合设计要求。

3）球加肋：

加肋半圆球与空心焊接球受力情况不同，故对钢网架重要节点一般均安排加肋焊接球，加肋形式有多种，有加单肋的，还有垂直双肋球等等，所以圆球拼装前，还应加肋、焊接。注意加肋高度不应超出圆周半径，以免影响拼装。

4）球拼装。

球拼装时，应有胎位，保证拼装质量，球的拼装应保持球的拼装直径尺寸、球的圆度一致。

5）球焊接。

拼好的球放在焊接胎架上，两边各打一小孔固定圆球，并能随着机床慢慢旋转，旋转一圈，调整焊道，调整焊丝高度，调整各项焊接参数，然后用半自动埋弧焊（也可以用气体保护焊机）对圆球进行多层多道焊接，直至焊道焊平为止，不要余高。

6）焊缝检查。

焊缝外观检查，合格后应在24h时之后对钢球焊缝进行超声波探伤检查。

7.3.6 制孔质量通病及防治

1. 质量通病现象

制孔方式选择不恰当；孔径的偏差过大；螺栓孔孔距偏差大。

2. 预防治理措施

（1）选择合理的制孔方式。

（2）构件钻孔前应进行试钻，经检查认可后方可正式钻孔。钻制精度要求高的精制螺栓孔或板叠层数多、长排连接、多排连接的群孔，可借助钻模卡在工件上制孔；使用钻模厚度一般为15mm左右，钻套内孔直径比设计孔径大0.3mm；为提高工效，亦可将同种规格的板件叠合在一起钻孔，但必须卡牢或点焊固定；成对或成副的构件，宜成对或成副钻孔，以便构件组装。

（3）扩孔常先把零件孔钻成比设计小 3mm 的孔，待整体组装后再行扩孔，以保证孔眼一致，孔壁光滑，或用于钻直径 30mm 以上的孔，先钻成小孔，后扩成大孔，以减小钻端阻力，提高工效。

扩孔工具用扩孔钻或麻花钻，用麻花钻扩孔时，需将后角修小，使切屑少而易于排除，可提高孔的表面光洁度。

（4）锥形埋头孔应用专用锥形锪钻制孔，或用麻花钻改制，将顶角磨成所需要的大小角度；圆柱形埋头孔应用柱形锪钻，用其端面刀及切削，锪钻前端设导柱导向，以保证位置正确。

8 钢构件组装工程质量控制

8.1 一般规定

钢结构构件的组装是遵照施工图的要求，把已加工完成的各零件或半成品构件，用组装的手段组合成为独立的成品，这种方法通常称为组装。组装根据组装构件的特性以及组装程度，可分为部件组装、组装和预总装。

部件组装是组装的最小单元的组合，它由两个或两个以上零件按施工图的要求组装成为半成品的结构构件。

组装是把零件或半成品按施工图的要求组装成为独立的成品构件。预总装是根据施工图把相关的两个以上成品构件，在工厂制作场地上，按其各构件空间位置总装起来。其目的是客观地反映出各构件组装接点，保证构件安装质量。钢结构构件组装通常使用的方法有：地样组装、仿形复制组装、立装、卧装、胎膜组装等。

组装的一般规定：

（1）在组装前，组装人员必须熟悉施工图、组装工艺及有关技术文件的要求，并检查组装零部件的外观、材质、规格、数量，当合格无误后方可施工。

（2）组装焊接处的连接接触面及沿边缘 30~50 mm 范围内的铁锈、毛刺、污垢、冰雪等必须在组装前清除干净。

（3）板材、型材需要焊接时，应在部件或构件整体组装前进行；构件整体组装应在部件组装、焊接、矫正后进行。

（4）构件的隐蔽部位应先行涂装、焊接，经检查合格后方可组合；完全封闭的内表面可不涂装。

（5）构件组装应在适当的工作平台及装配胎膜上进行。

（6）组装焊接构件时，对构件的几何尺寸应依据焊缝等收缩变形情况，预放收缩余量；对有起拱要求的构件，必须在组装前按规定的起拱量做好起拱。

（7）胎膜或组装大样定型后须经自检，合格后质检人员复检，经认可后方可组装。

（8）构件组装时的连接及紧固，宜使用活络夹具及活络紧固器具；对吊车梁等承受动荷载构件的受拉翼缘或设计文件规定者，不得在构件上焊接组装卡、夹具或其他物件。

（9）拆取组装卡夹具时，不得损伤母材，可用气割方法割除，切割后并磨光残留焊疤。

8.2 钢构件组装质量控制与验收

8.2.1 主控项目检验

钢构件组装主控项目检验见表 8-1。

主控项目检验 　　　　表 8-1

序号	项目	合格质量标准	检验方法	检查数量
1	吊车梁（桁架）	吊车梁和吊车桁架不应下挠	构件直立，在两端支撑后，用水准仪和钢尺检查	全数检查
2	端部铣平度	端部铣平的允许偏差应符合表8-2的规定	用钢尺、角尺、塞尺等检查	按铣平面数量抽查10%，且不应少于3个
3	钢构件外形尺寸	钢构件外形尺寸主控项目的允许偏差应符合表8-3的规定	用钢尺检查	全数检查

端部铣平的允许偏差（mm）　　　　表 8-2

项目	允许偏差	项目	允许偏差
两端铣平时构件长度	±2.0	铣平面的平面度	0.3
两端铣平时零件长度	±0.5	铣平面对轴线的垂直度	$l/1500$

安装焊缝坡口的允许偏差　　　　表 8-3

项目	允许偏差	项目	允许偏差
坡口角度	±5°	钝边	±1.0mm

8.2.2 一般项目检验

钢构件组装一般项目检验见表8-4。

一般项目检验 　　　　表 8-4

序号	项目	合格质量标准	检验方法	检查数量
1	焊接H型钢拼接缝	焊接H型钢的翼缘板拼接缝和腹板拼接缝的间距不应小于200mm。翼缘板拼接长度不应小于2倍板宽；腹板拼接宽度不应小于300mm，长度不应小于600mm	观察和用钢尺检查	全数检查
2	焊接H型钢精度	焊接H型钢的允许偏差应符合表8-5的规定	用钢尺、角尺、塞尺等检查	按构件数抽查10%，且不应少于3个
3	焊接精度	焊接连接组装的允许偏差应符合表8-6的规定	用钢尺检验	按构件数抽查10%，且不应少于3个
4	顶紧接触面	顶紧接触面应有75%以上的面积紧贴	用0.3mm塞入面积应小于25%，边缘间隙应不应大于0.8mm	按接触面的数量抽查10%，且不应少于10个
5	轴线交点错位	桁架结构杆件轴线交点错位的允许偏差不得大于3.0mm	尺量检查	按构件数抽查10%，且不应少于3个，每个抽查构件按节点数抽查10%，且不应少于3个节点
6	焊接坡口精度	安装焊缝坡口的允许偏差应符合表8-7的规定	用焊缝量检查	按坡口数量抽查10%，且不应少于3条
7	铣平面保护	外露铣平面应防锈保护	观察检查	全数检查
8	钢构件外形尺寸	钢构件外形尺寸一般项目的允许偏差应符合下述8.3的规定	见表8-8～表8-14	按构件数量抽查10%，且不应少于3件

焊接 H 型钢的允许偏差（mm） 表 8-5

项　目		允许偏差	图　例
截面高度 h	$h < 500$	±2.0	
	$500 < h < 1000$	±3.0	
	$h > 1000$	±4.0	
截面宽度 b		±3.0	
腹板中心偏移		2.0	
翼缘板垂直度		$b/100$，且不应大于 3.0	
弯曲矢高（受压构件除外）		$l/1000$，且不应大于 10.0	
扭　曲		$h/250$，且不应大于 5.0	
腹板局部平面度 f	$t < 14$	3.0	
	$t \geq 14$	2.0	

焊接连接制作组装的允许偏差应符合表（mm） 表8-6

项　目		允许偏差	图　例
对口错边 Δ		$t/10$，且不应大于3.0	
间隙 a		±1.0	
搭接长度 b		±5.0	
缝隙		1.5	
高度 h		±2.0	
垂直度 Δ		$b/100$，且不应大于3.0	
中心偏移 e		±2.0	
型钢错位	连接处	1.0	
	其他处	2.0	
箱形截面高度 h		±2.0	
宽度 b		±2.0	
垂直度		$b/200$，且不应大于3.0	

安装焊缝坡口的允许偏差　　　　　　　　　　　　　　　　表8-7

项目	允许偏差	项目	允许偏差
坡口角度	±5°	钝边	±1.0mm

单层钢柱外形尺寸的允许偏差（mm）　　　　　　　　　　表8-8

项目		允许偏差	检验方法	图例
柱底面到柱端与桁架连接的最上一个安装孔距离 l		±l/1500 ±15.0	用钢尺检查	
柱底面到牛腿支承面距离		±l₁/2000 ±8.0		
牛腿面的翘曲		2.0	用拉线、直角尺和钢尺检查	
柱身弯曲矢高		H/1200，且不应大于12.0		
柱身扭曲	牛腿处	3.0	用拉线、吊线和钢尺和检查	
	其他处	8.0		
柱截面几何尺寸	连接处	±3.0	用钢尺检查	
	非连接处	±4.0		
翼缘对腹板的垂直度	连接处	1.5	用直角尺和钢尺检查	
	其他处	b/100，且不应大于5.0		
柱脚度板平面度		5.0	用1m直尺和塞尺检查	
柱脚螺栓孔中心对柱轴线的距离		3.0	用钢尺检查	

多节钢柱外形尺寸的允许偏差（mm） 表 8-9

项　目		允　许　偏　差	检验方法
一节柱高度 H		±3.0	用钢尺检查
两端最外侧安装孔距离		±2.0	
铣平面到第一个安装孔距离 a		±1.0	
柱身弯曲矢高 f		H/1500，且不应大于 5.0	用拉线和钢尺检查
一节柱的柱身扭曲		h/250，且不应大于 5.0	用拉线、吊线和钢尺检查
牛腿端孔到柱轴线距离		±3.0	用钢尺检查
牛腿的翘曲或扭曲	≤1000	2.0	用拉线、直角尺和钢尺检查
	>1000	3.0	
柱截面尺寸	连接处	±3.0	用钢尺检查
	非连接处	±4.0	
柱脚底板平面度		5.0	用直尺和塞尺检查
翼缘板对腹板的垂直度	连接处	1.5	有直角尺和钢尺检查
	其他处	b/100，且不应大于 5.0	
柱脚螺孔对柱轴线的距离 a		3.0	用钢尺检查
箱型截面连接处对角线差		3.0	
箱型柱身板垂直度		h（b）/150，且不应大于 5.0	用直角尺和钢尺检查

焊接实腹钢梁外形尺寸的允许偏差（mm） 表 8-10

项 目		允许偏差	检验方法	图 例
梁长度 l	端部有凸缘支座板	0，－5.0	用钢尺检查	
	其他形式	±l/2500 ±10.0		
端部高度 h	h≤2000	±2.0		
	h>2000	±3.0		
拱度	设计要求起拱	±l/5000	用拉线和钢尺检查	
	设计未要求起拱	10.0 －5.0		
侧弯矢高		l/2000，且不应大于 10.0		
扭曲		h/250，且不应大于 10.0	用拉线、吊线和钢尺检查	
腹板局部平面度		5.0	用1m直尺和塞尺检查	
		4.0		
翼缘板对腹板的垂直度		b/100，且不应大于 3.0	用直角尺和钢尺检查	
吊车梁上翼缘与轨道接触面平面度		1.0	用 200m、1m 直尺和塞尺检查	
箱型截面对角线差		5.0	用钢尺检查	
		1.0		
箱型截面两腹板到翼缘板中心线距离 a	连接处	1.5		
	其他处			
梁端板的平面度（只允许凹进）		h/500，且不应 2.0	用直角尺和钢尺检查	
梁端板与腹板的垂直度		h/500，且不应大于 2.0	用直角尺和钢尺检查	

钢桁架外形尺寸的允许偏差（mm）　　　　　　　　　表 8-11

项　　目		允许偏差	检验方法	图　　例
桁架最外端两个孔或两端支承面最外侧距离	$l \leqslant 24m$	+3.0 -7.0	用钢尺检查	
	$l > 24m$	+5.0 -10.0		
桁架跨中高度		±10.0		
桁架跨中拱度	设计要求起拱	±$l/5000$		
	设计未要求起拱	10.0 -5.0		
相邻节间弦杆弯曲（受压除外）		$l_1/1000$		
支承面到第一个安装孔距离 a		±1.0	用钢尺检查	
檩条连接支座间距		±5.0		

钢管构件外形尺寸的允许偏差（mm）　　　　　　　　　表 8-12

项　　目	允许偏差	检验方法	图　　例
直　径	±$d/500$ ±5.0	用钢尺检查	
构件长度	3.0	用钢尺检查	
管口圆度	$d/500$，且不应大于5.0		
管面对管轴的垂直度	$l/1500$，且不应大于3.0	用焊缝量规检查	
弯曲矢高	$l/1500$，且不应大于5.0	用拉线、吊线和钢尺检查	
对口错边	$t/10$，且不应大于3.0	用拉线和钢尺检查	

注：对方矩形管，d 为长边尺寸。

墙架、檩条、支撑系统钢构件外形尺寸的允许偏差（mm）　　表8-13

项　　目	允　许　偏　差	检　验　方　法
构件长度	±4.0	用钢尺检查
构件两端最外侧安装孔距离	±3.0	用钢尺检查
构件弯曲矢高	$l/1000$，且不应大于10.0	用拉线和钢尺检查
截面尺寸	+5.0，-2.0	用钢尺检查

钢平台、钢梯和防护钢栏杆外形尺寸的允许偏差（mm）　　表8-14

项　　目	允许偏差	检验方法	图　　例
平台长度和宽度	±5.0	用钢尺检查	
平台两对角线差	6.0	用钢尺检查	
平台支柱高度	±3.0	用钢尺检查	
平台支柱弯曲矢高	5.0	用拉线和钢尺检查	
平台表面平面度（1m范围内）	6.0	用1m直尺和塞尺检查	
梯梁长度 l	±5.0	用1m直尺和塞尺检查	
钢梯宽度 b	±5.0		
钢梯安装孔距离 a	±3.0		
钢梯纵向挠曲矢高	$l/1000$	用拉线和钢尺检查	
踏步（棍）间距	±5.0		
栏杆高度	±5.0	用钢尺检查	
栏杆立柱间距	±10.0		

8.3 钢构件组装常见质量问题的预防与处理

8.3.1 吊车梁（桁架）下挠

1. 质量通病现象

吊车梁和吊车桁架下挠。

2. 预防、治理措施

钢结构组装时，应严格按顺序组装。吊车梁和吊车桁架的焊接应牢固。应全数检查吊车梁或吊车桁架，将构件直立，在两端支承后，用水准仪和钢尺检查。

（1）为了保证屋架的拱度正确，提高结构强度，防止安装后的屋架、屋盖在自重和其他荷载作用下产生过大的挠度，影响结构的受力及安全，因此要在制作钢屋架时按设计规定进行起拱，当设计不明确时，一般应按以下原则进行起拱：

1）跨度≥15m 的三角形屋架应起拱。

2）跨度≥24m 的梯形屋架应起拱。

3）规定起拱的三角形屋架和梯形屋架的起拱高度一般按屋架跨度的 1/500。

4）确定起拱高度位置应按以下规定进行：

① 三角形屋架起拱高度位置应在中心垂撑位置确定起拱规定的高度。

② 梯形屋架起拱高度位置应按设计规定的尺寸，在其中心垂撑的两侧。

5）屋架起拱时，对其下弦、上弦应按起拱的规定高度同时进行抬高，否则只顾下弦抬高，不顾上弦，将会使制成后的屋架高度低于设计高度。

（2）为保证钢屋架制作时的起拱高度及拱度曲率均匀，应按以下方法加工拱度：

1）拼装时预先在拼装底样或模具上画出规定的起拱线后，按起拱线进行起拱。

2）拱度圆弧的加工应按起拱曲率半径制成样板，并用工夹模具，借助外力应用冷热加工法将下弦加工出起拱圆弧；禁止采用挡铁固定后用工具施加外力强制法加工圆弧或利用焊接变形法获得起拱圆弧，这样加工出的拱度圆弧会产生较大的应力或圆弧曲率不均等缺陷。

（3）加工的拱度圆弧符合样板要求后，拼装时应在平台或模具上按底样进行拼装，以保证拱度圆弧曲率的正确；为防止拼装后拱度圆弧及其他部位发生变形，在吊装或运输时，应在钢屋架上下弦的内侧用适宜规格直径的圆木杆按跨度尺寸，进行不同方式的加固，并选择正确的吊点。

8.3.2 焊接 H 型钢接缝过小

1. 质量通病现象

焊接 H 型钢的翼缘板拼接缝和腹板拼接缝的间距小于 200mm，翼缘板拼接长度小于 2 倍板宽，腹板拼接宽度小于 300mm，长度小于 600mm。

2. 预防、治理措施

（1）钢结构施工前，首先应认真审图，当有疑义时，应通过联系单等书面文件向设计者通报，经确定后方可进行施工。

(2) 在钢结构加工制造中，应认真地进行计划用料，当材料的尺寸长度能满足构件尺寸要求时尽量不用拼接；当构件的尺寸大于材料的尺寸必须采取拼接时，拼接用的材料、对接方式及位置安放应保证构件的受力强度。

承重构件的拼接，一般应满足下列要求：

① 垂直受力的柱构件拼接时，在保证连接的焊缝强度与钢材强度相等的条件下，应采用正焊缝对接；拼接前应对两连接端的截面进行铣平或磨平，保证对口间隙一致，以满足焊接质量达到结构受力要求。

② 横向悬空类的承重构件，当连接焊缝的强度低于钢材强度时，为增加焊缝的强度，应采用与作用力方向成 45°~60°夹角的对接斜焊缝进行连接；如采用对接正焊缝时，则必须按设计规定的强度进行计算或采取补强加固措施，以保证设计规定的结构强度。

③ 对简支组合工字梁的受压翼缘和腹板，当拼接位置放在跨中的1/3范围内时，一般应采用45°的对接斜焊缝拼接；如采用对接正焊缝时，在焊接后应在工字梁翼缘板外的两侧、腹板的两侧，采用板件焊接或高强螺栓连接加固。

④ 拼接连接焊缝（正、斜焊缝）的位置应放在受力较小的部位，焊接时宜采用与构件同材料、同厚度的引弧板施焊，以消除弧坑、裂纹等质量缺陷。

8.3.3 端部铣平精度不够

1. 质量通病现象

两端铣平时构件长度偏差过大，零件长度偏差过大；铣平面的平面度偏差超过0.3mm，铣平面对轴线的垂直度超过1/500。

2. 预防、治理措施

对于有些构件的端部，可采用铣边（端面加工）的方法以代替刨边。铣边是为了保持构件的精度，如吊车梁、桥梁等接头部分，钢柱或塔架等的金属抵承部位，能使其力由承压面直接传至底板支座，以减少连接焊缝的焊脚尺寸，这种铣削加工，一般是在端面铣床或铣边机上进行的。端面铣削时注意铣床型号的选择。施工人员必须具备职业资格，铣边时要认真。用钢尺、角尺、塞尺等抽查铣平面数量的10%，且不应少于3个。外露铣平面应防锈保护。

8.3.4 钢构件外形尺寸不合格

1. 质量通病现象

钢构件外形尺寸达不到设计要求。

2. 预防、治理措施

钢结构在一般情况下很少有定型产品，结构形式也是千变万化的。因此，钢结构成品的检查项目也不相同。若无特殊要求，检查项目基本按该产品的国家标准和部门标准、技术图纸规定、设计要求的技术条件及使用状况而决定，主要内容是外形尺寸、连接的相关位置、变形量及外观质量等，同时也包括各部位的细节，及需要时的试拼装结果。成品检查工作应在材料质量保证书、工艺措施、各道工序的自检、专检记录等前期工作完备无误的情况下进行。

由于结构构件在整个结构中所处的位置不同，受力状态不一样，所以在制作过程中的要求也就不一样。因此，在进行成品的检查过程中，其检查的侧重点也应有所区别。下面就几种典型结构形式的检查要点作简要的说明：

（1）钢屋架形式结构的检查要点：

1）在钢屋架的检查中，要注意检查节点处各型钢重心线交点的重合状况。重心线的偏移会造成局部弯矩，影响钢屋架的正常工作状态，造成钢结构工程的隐患。产生重心线偏移的原因，可能是组装胎具变形或装配时杆件未靠紧胎模所致。如发生重心线偏移超出规定的允许偏差（3mm）时，应及时提供数据，请设计人员进行验算，如不能使用，应拆除更换。

2）钢屋架上的连接焊缝较多，但每段焊缝的长度又不长，极易出现各种焊接缺陷。因此，要加强对钢屋架焊缝的检查工作，特别是对受力较大的杆件焊缝，要做重点检查控制，其焊缝尺寸和质量标准必须满足设计要求和国家规范的规定。钢屋架的上、下弦角钢一般都较大，其肢边的圆角半径也比较大。当图纸要求的焊缝高度较小时（$h_f = 5mm$ 或 6mm），其肢部焊缝尺寸在检查中难以测量，而且角钢截面大，刚性强，在焊缝收缩应力的作用下，即使无外力作用，也易产生收收缩裂纹。这种裂纹在检查中不易被发现，应加强对这些部位的观察。鉴于上述问题，在施工中采取一些措施是可以避免的。如对其进行加大焊缝的处理，第一遍的焊接只填满圆角，再焊一遍达到焊缝成形。按此法焊接，其焊角高度一般要大于角钢肢边厚度的 1/2。

3）为保证安装工作的顺利进行，检查中要严格控制连接部位孔的加工，孔位尺寸要在允许的公差范围之内，对于超过允许偏差的孔要及时作出相应的技术处理。

4）设计要求起拱的，必须满足设计规定，检查中要控制起拱尺寸及其允许偏差，特别是吊车桁架，即使未要求起拱处理，组焊后的桁架也严禁下挠。

5）由两支角钢背靠背组焊的杆件，其夹缝部位在组装前应按要求除锈、涂漆，检查中对这些部位应给予注意。

（2）钢柱形式结构的检查要点

1）钢柱柱顶承受屋面静荷载，钢柱上的悬臂（牛腿）承受由吊车梁传递下来的动荷载、通过柱身传到柱脚底板。悬臂部分及相关的支撑肋承受交变动荷载，一般采用K形坡口焊缝，并且应保证全熔透。对于悬臂及其相关部分的焊缝质量检查，应是成品检查的重点。由于板材尺寸不能满足需要而进行拼接时，拼接焊缝必须全熔透，保证与母材等强度。一般情况下，除外观质量的检查外，上述两类焊缝要进行超声波探伤的内部质量检查，检查时应予注意。

2）柱端、悬臂等有连接的部位要注意检查相关尺寸，特别是高强螺栓连接时更要加强控制。另外，柱底板的平直度、钢柱的侧弯等要注意检查控制。

3）设计图要求柱身与底板要刨平顶紧的，要按国家规范的要求对接触面进行磨光顶紧的检查，以确保力的有效传递。

4）钢柱柱脚不采用地脚螺栓，而直接插入基础预留孔，再灌浆固定的，要注意检查插入混凝土部分不得涂漆。

5）箱形柱一般都设置内部加劲肋，为确保钢柱尺寸，并起到加强作用，内部加劲板需经加工刨平、组装焊接几道工序。由于柱身封闭后无法检查，应注意加强工序检查，内部加劲板加工刨平、装配贴紧情况，以及焊接方法和质量均应符合设计要求。

6）空腹钢柱（格构柱）的检查要点同实腹钢柱。由于空腹钢柱截面复杂，要经多次加工、小组装、再总装到位。因此，空腹柱在制作中各部位尺寸的配合十分重要，在其质量控制检查中要侧重于单体构件的工序检查，只有各部件的工序检查符合质量要求，钢柱的总体尺寸就比较容易控制了。

（3）吊车梁的检查要点

1）吊车梁的焊缝因受冲击和疲劳影响，其上翼缘板与腹板的连接焊缝要求全熔透，一般视板厚大小开成V形或K形坡口。焊后要对焊缝进行超声波探伤检查，探伤比例应按设计文件的规定执行。如若设计的要求为抽检，检查时应重点检查两端的焊缝，其长度不应小于梁高，梁中间应再抽检300mm的长度。抽检若发现超标缺陷，应对该焊缝进行全部检查。由于板料尺寸所限，吊车梁钢板需要拼接时，翼缘板与腹板的拼缝要错开200mm以上，拼缝要错开加劲肋200mm以上。拼接缝要求与母材等强度，全熔透焊接，并进行超声波探伤的检查。吊车梁加劲肋的端部焊法一般有两种不同的处理方法，检查时可视设计要求而定：

① 对加劲肋的端部进行围焊，以避免在长期使用过程中，其端部产生疲劳裂缝。

② 要求加劲肋的端部留有20~30mm不焊，以减弱端部的应力。检查中要注意设计的不同要求：为提高吊车梁焊缝的抗疲劳能力，手工焊焊条应采用低氢型。对于只做外观检查的角焊缝，必要时可增加磁粉探伤或着色探伤检查，以排除检查中的判断疑点。

2）吊车梁外形尺寸控制，原则上是长度负公差，高度正公差。上、下翼缘板边缘要整齐光洁，切忌有凹坑，上翼缘板的边缘状态是检查重点，要特别注意。无论吊车梁是否要求起拱，焊后都不允许下挠。要注意控制吊车梁上翼缘板与轨道接触面的平面度不得大于1.0mm。

（4）平台、栏杆、扶梯的检查要点

平台、栏杆、扶梯虽是配套产品，但其制作质量也直接影响人的安全，要确保其牢固性，有以下几点要加以注意：

1）由于焊缝不长，分布零散，在检查中要重点防止出现漏焊现象。检查中要注意构件连接的牢固性，如爬梯用的圆钢要穿过扁钢，要焊牢固。采用间断焊的部位，其转角和端部一定要有焊缝，不得有开口现象。构件不得有尖角外露，栏杆上的焊接接头及转角处要磨光。

2）栏杆和扶梯一般都分开制作，平台根据需要可以整件出厂，也可以分段出厂，各构件间相互关联的安装孔距，在制作中要作为重点检查项目进行控制。钢结构生产中用于检查工作的工具和仪器种类很多，下面分项列出常用的一些检查工具和检查仪器。

① 钢结构焊接工程：放大镜、焊缝量规、钢尺、角尺及超声波、X射线、磁粉、渗透探伤所用的仪器等。

② 钢结构制作工程：钢尺、直尺、直角尺、游标卡尺、放大镜、焊缝量规、塞尺、孔径量规、试孔器及经纬仪、水准仪等。

③ 钢结构涂装工程：铲刀、锈蚀和除锈等级图片或对比样板及干漆膜测厚仪等。

（5）钢结构成品的修整

构件的各项技术数据经检验合格后，对加工过程中造成的焊疤、凹坑应予补焊并铲磨平整。对临时支撑、夹具应予割除。

铲磨后零件表面的缺陷深度不得大于材料厚度负偏差值的1/2，对于吊车梁的受拉翼缘尤其应注意其光滑过渡。

（6）钢结构件的验收资料

产品经过检验部门签收后进行涂底，并对涂底的质量进行验收。钢结构制造单位在成品出厂时应提供钢结构出厂合格证书及技术文件，其中应包括：

1）施工图和设计变更文件，设计变更的内容应在施工图中相应部位注明。
2）制作中对技术问题处理的协议文件。
3）钢材、连接材料和涂装材料的质量证明书和试验报告。
4）焊接工艺评定报告。
5）高强度螺栓摩擦面抗滑移系数试验报告、焊缝无损检验报告及涂层监测资料。
6）主要构件验收记录。
7）预拼装记录（需预拼装时）。
8）构件发运和包装清单。

此类证书、文件是作为建设单位的工程技术档案的一部分而存档备案的。上述内容并非所有工程中都有，而是根据各工程的实际情况按规范有关条款和工程合同规定的有关内容提供资料。

8.3.5 焊接连接组装错误

1. 质量通病现象

没有根据测量成果及现场情况确定焊接顺序；焊接时不用引弧板；钢柱焊接时只有一名焊工施焊；一根钢梁同时施焊等。

2. 预防、治理措施

（1）应制定合理的焊接顺序，平面上应以中部对称地向四周扩展；根据钢柱的垂直度偏差确定焊接顺序，对钢柱的垂直度进一步校正。

（2）应加设长度大于3倍焊缝厚度的引弧板，并且材质应与母材一致或通过试验选用。

（3）焊接前应将焊缝处的水分、脏物、铁锈、油污及涂料清除干净。

（4）钢柱焊接时，应由两名焊工在相对称位置以相等速度同时施焊。

（5）钢梁应先焊一端，焊缝冷却到常温后，再焊另一端，并先焊下翼缘，再焊上翼缘。

8.3.6 顶紧接触面紧贴面积不够

1. 质量通病现象

顶紧接触面紧贴面积没有达到顶紧接触面的75%。

2. 预防、治理措施

按接触面的数量抽查10%，且不应少于10个。

用0.3mm塞尺检查，塞入面积应小于25%，边缘间隙应不大于0.8mm。钢构件之间要平整，钢构件不能有变形。

9 钢构件预拼装工程质量控制

9.1 一般规定

钢结构构件工厂内预拼装,目的是在出厂前将已制作完成的各构件进行相关组合,对设计、加工,以及适用标准的规模性验证。

预拼装的一般规定:

(1) 预拼装组合部位的选择原则:尽可能选用主要受力框架、节点连接结构复杂构件允差接近极限且有代表性的组合构件。

(2) 预拼装应在坚实、稳固的平台式胎架上进行。

(3) 预拼装中所有构件应按施工图控制尺寸,各杆件的重心线应汇交于节点中心,并完全处于自由状态,不允许有外力强制固定。单构件支承点不论柱、梁、支撑应不少于两个支承点。

(4) 预拼装构件控制基准中心线应明确标示,并与平台基线和地面基线相对一致。控制基准应按设计要求基准一致。

(5) 所有需进行预拼装的构件,必须制作完毕经专检员验收并符合质量标准。相同的单构件宜可互换,而不影响整体集合尺寸。

(6) 在胎架上预拼装过程中,不得对构件动用火焰或机械等方式进行修正、切割,或使用重物压载、冲撞、锤击。

(7) 大型框架露天预拼装的检测应定时。所使用测量工具的精度,应与安装时使用的一致。

(8) 高强度螺栓连接件预拼装时,可使用冲钉定位和临时螺栓紧固。试装螺栓在一组孔内不得少于螺栓孔的30%,且不少于2只。冲钉数不得多于临时螺栓的1/3。

9.2 钢构件预拼装工程质量控制与验收

9.2.1 主控项目检验

钢构件预拼装主控项目检验见表9-1。

主控项目检验 表9-1

序号	项目	合格质量标准	检验方法	检查数量
1	多层板叠螺栓孔	高强度螺栓和普通螺栓连接的多层板叠,应采用试孔器进行检查,并应符合下列规定: (1) 当采用比孔公称直径小1.0mm的试孔器检查时,每组孔的通过率不应小于85%; (2) 当采用比螺栓公称直径大0.3mm的试孔器检查时,通过率应为100%	采用试孔器检查	按预拼装单元全数检查

9.2.2 一般项目检验

钢构件预拼装一般项目检验见表9-2。

一般项目检验　　　　　　　　　　　　　　　　　　表9-2

序号	项目	合格质量标准	检验方法	检查数量
1	预拼装精度	预拼装的允许偏差应符合表9-3的规定	见表9-3	按预拼装单元全数检查

钢构件预拼装的允许偏差（mm）　　　　　　　　　　表9-3

构件类型	项目	允许偏差	检验方法
多节柱	预拼装单元总长	±5.0	用钢尺检查
	预拼装单元弯曲矢高	$l/1500$，且不应大于10.0	用拉线和钢尺检查
	接口错边	2.0	用焊缝量规检查
	预拼装单元柱身扭曲	$h/200$，且不应大于5.0	用拉线、吊线和钢尺检查
	顶紧面至任一牛脚距离	±2.0	
梁、桁架	跨度最外两端安装孔或两端支承面最外侧距离	+5.0，-10.0	用钢尺检查
	接口截面错位	2.0	用焊缝量规检查
	拱度　设计要求起拱	±	用拉线和钢尺检查
	拱度　设计未要求起拱	$l/2000$，0	
	节点处杆件轴线错位	4.0	划节后用钢尺检查
管构件	预拼装单元总长	±5.0	用钢尺检查
	预拼装单元弯曲矢高	$l/1500$，且不应大于10.0	用拉线和钢尺检查
	对口错边	$t/10$，且不应大于3.0	用焊缝量规检查
	坡口间隙	+2.0，-1.0	
构件平面总体预拼装	各楼层柱距	±4.0	用钢尺检查
	相邻楼层梁与梁之间距离	±3.0	
	各层间框架两对角线之差	$H/2000$，且不应大于5.0	
	任意两对角线之差	$H/2000$，且不应大于8.0	

9.3 钢构件预拼装工程常见质量问题的预防与处理

9.3.1 钢构件运输及堆放变形

1. 质量通病现象

构件在运输和堆放时发生变形。

2. 预防治理措施

（1）制定合理的运输方案

1)制定运输方案。根据结构件的基本形式,结合现场起重设备和运输车辆的具体条件,制定切实可行、经济实用的装运方案。

2)设计、制作运输架。根据构件的重量、外形尺寸,设计制作各种类型构件的钢或木运输架(支承架)。要求构造简单,装运受力合理、稳定,重心低,重量轻,节约钢材,能适应多种类型构件使用,装拆方便。

3)验算构件的强度。对大型屋架、多节柱等构件,根据装运方案确定的条件,验算构件在最不利截面处的抗裂度,避免装运时出现裂缝,如抗裂度不够,应进行适当加固处理。

(2)选择合适的运输工具和运输条件

1)选定运输车辆及起重工具。根据构件的形状、几何尺寸及重量、工地运输起重工具、道路条件以及经济条件,确定合适的运输车辆和吊车型号、台数和装运方式。

2)准备装运工具和材料。如钢丝绳扣、捯链、卡环、花篮螺栓、千斤顶、信号旗、垫木、木板、汽车旧轮胎等。

3)修筑现场运输道路。按装运构件车辆载重量大小、车体长宽尺寸,确定修筑临时道路的标准等级、路面宽度及路基、路面结构要求,修筑通入现场的运输道路。

4)查看运输路线和道路。组织运输司机及有关人员沿途查勘运输线路和道路平整、坡度情况、转弯半径、有无电线等障碍物,过桥涵洞净空尺寸是否够高等。

5)试运行。将装运最大尺寸的构件的运输架安装在车辆上,模拟构件尺寸,沿运输道路试运行。

(3)构件准备齐全

1)清点构件。包括构件的型号和数量,按构件吊装顺序核对、确定构件装运的先后顺序,并编号。

2)检查构件。包括尺寸和几何形状、埋设件及吊环位置和牢固性,安装孔的位置和预留孔的贯通情况等。

3)检查钢结构连接焊缝情况。包括焊缝尺寸、外观及连接节点是否符合设计和规范要求,超出允许误差应采取相应的措施进行处理。

4)构件的外观检查和修饰。发现存在缺陷和损伤,如裂缝、麻面、破边、焊缝高度不够,长度小,焊缝有灰渣或大气孔等,应经修饰和补焊后,才可运输和使用。

(4)运输道路要求

1)运输道路应平整坚实,保证有足够的路面宽度和转弯半径。对载重汽车的单行道宽度不得小于3.5m,拖挂车的单行道宽度不小于4m,并应有适当的会车点;双行道的宽度不小于6m。转弯半径:载重汽车不得小于10m,半拖挂车不小于15m;全拖挂车不小于20m。运输道路要经常检查和养护。

2)构件运输时,屋架和薄壁构件强度应达到100%。

3)构件运输应配套,应按吊装顺序、方式、流向,组织装运,按平面布置卸车就位、堆放,先吊的先运,避免混乱和二次倒运。

4)构件装运时的支承点和装卸车时的吊点应尽可能接近设计支承状态或设计要求的吊点,如支承吊点受力状态改变,应对构件进行抗裂度验算;裂缝宽度不能满足要求时,应进行适当加固。

5）根据构件的类型、尺寸、重量、工期要求、运距、费用和效率以及现场具体条件，选择合适的运输工具和装卸机具。

6）构件在装车时，支承点应水平放置在车辆弹簧上，荷载要均匀对称，构件应保持重心平衡，构件的中心须与车辆的装载中心重合，固定要牢靠。对刚度大的构件亦可平卧放置。

7）对高宽比大的构件或多层叠放装运构件，应根据构件外形尺寸、重量，设叠工具式支承框架、固定架、支撑，或用捯链等予以固定，以防倾倒。严禁采取悬挂式堆放运输。对支承钢运输架应进行设计计算，保证足够的强度和刚度，支承稳固牢靠和装卸方便。

8）大型构件采用拖挂车运输构件，在构件支承处应设有转向装置，使其能自由转动，同时应根据吊装方法及运输方向确定装车方向，以免现场调头困难。

9）在各构件之间应用隔板或垫木隔开，构件上下支承垫木应在同一直线上，并加垫楞木或草袋等物使其紧密接触，用钢丝绳和花篮螺栓连成一体并拴牢于车厢上，以免构件在运输时滑动变形或互碰损伤。

10）装卸车起吊构件应轻起轻放，严禁甩掷，运输中严防碰撞或冲击。

11）根据路面情况好坏掌握构件运输的行驶速度，行车必须平稳。

12）公路运输构件装运的高度极限为4m，如需通过隧道时，则高度极限为3.8m。

（5）多节柱运输

长8m以内的柱，多采用载重汽车装运，如图9-1（a）所示；8m以上的柱，则采用半拖挂车或全拖挂车装运，如图9-1（b）所示，每车装1~3根，一般设置钢支架，用钢丝绳、捯链拉牢使柱稳固，每柱下设两个支承点，长柱抗裂能力不足时，采用平衡梁三点支承或设备一个辅助垫点（仅用木楔稍塞紧）。柱子搁置时，前端伸至驾驶室顶面距离不宜小于0.5m，后端离地面应大于1m。

大型钢柱采用载重汽车、炮车、半拖挂车或全拖挂车运输（见图9-2），或用铁路平车装运。

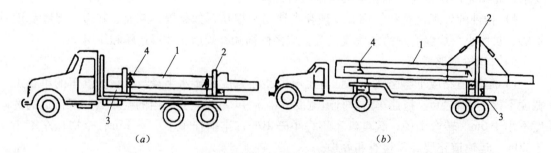

图9-1 小型钢柱的运输
(a) 汽车运输短柱；(b) 半拖挂运输柱子
1—柱；2—钢支架；3—垫木；4—钢丝绳、捯链捆紧

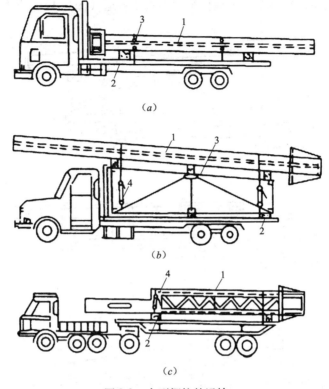

图 9-2 大型钢柱的运输
（a）汽车运输6m钢柱（每次2根）；（b）汽车装钢运输支架运12m长钢柱（每次一根）；
（c）全拖挂车运输10m以上重型柱（每次二根）
1—钢柱；2—垫木；3—钢运输支架；4—钢丝绳、捯链拉紧

（6）吊车梁运输

6m吊车梁采用载重汽车装运，每车装4～5根；9m、12m吊车梁采用8t以上载重汽车、半拖挂车或全拖挂车装运，平板上设钢支架，每车装3～4根，根据吊车梁侧向刚度情况，采取平放或立放（图9-3）。

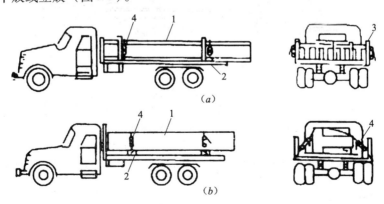

图 9-3 吊车梁的运输
（a）汽车运输普通吊车梁；（b）汽车运输重型吊车梁；
1—吊车梁；2—垫木；3—钢支架；4—钢丝绳、捯链拉紧

重型钢吊车梁用载重汽车、全拖挂车设钢支架装运（图9-4），或用铁路平台车运输。

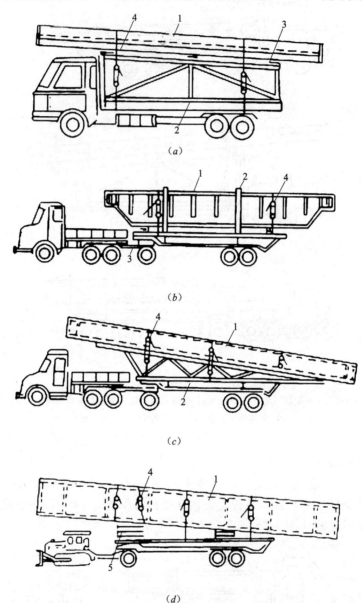

图9-4 钢吊车梁的运输

(a) 载重汽车运输18m长钢吊车梁；(b) 全拖挂车运输长24m，重12t钢吊车梁或托架（每次3根）；
(c) 全拖挂上设钢运输支架运输长24m、重55t箱形钢吊车梁（或托梁）；
(d) 半拖挂运输长24m、重22t钢吊车梁或托梁
1—钢吊车梁或托梁；2—钢运输支架；3—废轮胎片；4—钢丝绳、捯链拉紧；5—垫木

(7) 托架运输

钢托架采用半拖挂车或全拖挂车运输，采取正立装车，拖车板上垫以(300~400)mm×(300~400)mm截面大方木支承，每车装6~8榀，托架间用木方塞紧，用钢丝绳扣、捯链捆牢拉紧封车（图9-5）。

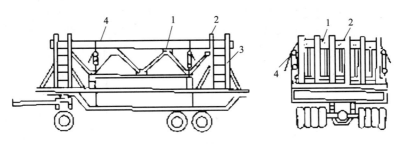

图 9-5 托架的运输
1—托架；2—钢支架；3—大方木或枕木；4—钢丝绳、捯链拉紧

(8) 屋架运输

根据屋架的外型、几何尺寸、跨度和重量大小，采用汽车或拖挂车运输，因屋架侧向刚度差，对跨度 15m、18m 整榀屋架及跨度 24~35m 半榀屋架可采用 12t 或 12t 以上载重汽车在车厢板上安装钢运输架运输；跨度 21~24m 整榀屋架则采用半拖挂车或全拖挂车上装钢运架装运，视路面情况，用拖车头、拖拉机或推土机牵引。

钢屋架可采取在载重汽车上部或两侧设钢运架装运（图 9-6），整榀大跨度钢屋架可用铁路平台车装运，下部设枕木支垫，上部用 8 号钢丝或捯链在平台车两侧拴固。

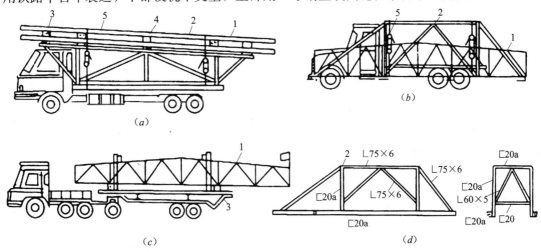

图 9-6 钢屋架的运输
(a) 汽车设钢运输架顶部运输 21m 钢屋架；(b) 汽车设钢运输架侧向运输；
(c) 全拖挂车运输 24m 钢屋架；(d) 钢运输支架构造
1—钢屋架；2—钢运支架；3—垫木或枕木；4—废轮胎片；5—钢丝绳捯链拉牢

(9) 钢构件堆放

构件堆放的一般规定：

1) 堆放场地应平整紧实，排水良好，以防因地面不均匀下沉造成构件裂缝或倾倒损坏。

2) 构件应按型号、编号、吊装顺序、方向，依次分类配套堆放。堆放位置应按吊装平面布置规定，并应在起重机回转半径范围内。先吊的放在靠近起重机一侧，后吊的依次排放；并考虑到吊装和装车方向，避免吊装时转向和二次倒运，影响效率和易损坏构件。

3) 构件堆放应平稳，底部应设置垫木，避免搁空而引起翘曲。垫点应接近设计支承位置。等截面构件垫点位置可设在离端部 0.207l（l 为构件长度）处；柱子堆放应注意防止小柱断裂，支承点宜设在距牛腿 30~40cm 处。

4）对侧向刚度较差、重心较高、支承面较窄的构件，如屋架、托架薄腹屋面梁等，宜直立放置，除两端设垫木支承外，并应在两侧加设撑木，或将数榀构件以方木、8 号钢丝绑扎连在一起，使其稳定，支撑及连接处不得少于三处。

5）成垛堆放或叠层堆放构件，应以 10cm×10cm 方木隔开，各层垫木支点应在同一水平面上，并紧靠吊环的外侧，并在同一条垂直线上。堆放高度应根据构件形状、重量、外形尺寸和堆垛的稳定性决定。一般柱子不宜超过 2 层，梁不超过 3 层，大型屋面板、圆孔板不超过 8 层，楼板、楼梯板不超过 6 层，钢屋架平放不超过 3 层，钢檩条不超过 6 层，钢结构堆垛高度一般不超过 2m，堆垛间需留 2m 通宽通道。

6）构件堆放应有一定挂钩、绑扎操作净距和净空。相邻构件的间距不得小于 0.2m；与建筑物相距 2.0~2.5m，构件堆垛每隔 2~3 垛应有一条纵向通道，每隔 2.5m 留一道横向隔道，宽应不小于 0.7m。堆放场应修筑环行运输道路，其宽度单行道不少于 4m，双行道不少于 6m。钢结构堆放应靠近公路、铁路，并配必要的装卸机械。

7）屋架运到安装地点就位排放（堆放）或二次倒运就位排放，可采用斜向或纵向排放。当单机吊装时，屋架应靠近柱列排放。相邻屋架间的净距保持不小于 0.5m；屋架间在上弦用 8 号钢丝、方木或木杆连接绑扎固定，并与柱适当绑扎连接固定，使屋架保持稳定。当采用双机抬吊时，屋架应与柱列成斜角排放，在地上埋设木杆稳定屋架，埋设深 80~100cm，数目为 3~4 根。

9.3.2 钢结构预拼装变形

1. 质量通病现象

钢结构预拼装时发生变形。

2. 预防、治理措施

(1) 预拼装比例按合同和设计要求，一般按实际平面情况预装 10%~20%。

(2) 钢构件制作、预拼装用的钢尺必须经计量检验，并相互核对，测量时间宜在早晨日出前，下午日落后最佳。

(3) 钢构件预拼装地面应坚实，胎架强度、刚度必须经设计计算而定，各支承点的水平精度可用已计量检验的各种仪器逐点测定调整。

(4) 在胎架上预拼装过程中，不得对构件动用火焰、锤击等，各杆件的重心线应交汇于节点中心，并应完全处于自由状态。

(5) 预拼装钢构件控制基准线与胎架基线必须保持一致。

(6) 高强度螺栓连接预拼装时，使用冲钉直径必须与孔径一致，每个节点要多于 3 只，临时普通螺栓数量一般为螺栓孔的 1/3。对孔径检测，试孔器必须垂直自由穿落。

9.3.3 构件起拱不准确

1. 质量通病现象

构件起拱数值大于或小于设计数值。

2. 预防、治理措施

（1）在制造厂进行预拼装，严格按照钢结构构件制作允许偏差进行检验，如拼接点处角度有误，应及时处理。
（2）在小拼过程中，应严格控制累积偏差，注意采取措施消除焊接收缩量的影响。
（3）钢屋架或钢梁拼装时应按规定起拱，根据施工经验可适当加施工起拱。
（4）根据拼装构件重量，对支顶点或支承架要经计算后定，否则焊后如造成永久变形则无法处理。

9.3.4 拼装焊接变形

1. 质量通病现象

拼装构件焊接后翘曲变形

2. 预防、治理措施

（1）焊条的材质、性能应与母材相符，均应符合设计要求。焊材的选用原则是：焊条与焊接母材应等强，或焊条的强度可略高于被焊母材的强度，这样可防止焊缝金属与母材金属的强度不等，使焊后构件产生过大的应力，以免造成变形。

（2）拼装支承的平面应保证其水平度，并应符合支承的强度要求，不使构件因自重失稳下坠造成拼装构件焊接处的弯曲变形。

（3）焊接过程中应采用正确的焊接规范，防止在焊缝及热影响区产生过大的受热面积，造成较大的焊接应力，导致构件变形。

（4）焊接时还应采取相应的防变形措施，常用的防止变形的方法如下：

1）焊接较厚构件在不降低结构强度条件下，可采用焊前预热或退火来提高塑性，降低焊接残余应力的变形。

2）采用正确的焊接顺序。

3）构件加固法：将焊件于焊前用刚性较大的夹具临时加固，增加刚性后，再进行焊接。但这种方法只适用塑性较好的低碳结构钢和低合金结构钢一类的焊接构件，不适用与高强结构钢一类的脆裂敏感性较强的焊接构件，否则，易增加应力，产生裂纹。

4）反变形法：根据施工经验或以试焊件的变形为依据，采取使构件间焊接变形相反方向做适量变形，以达到消除焊接变形的目的。

9.3.5 构件拼装后扭曲

1. 质量通病现象

构件拼装后全长扭曲超过允许值。

2. 预防、治理措施

（1）从号料到剪切，对钢材及剪切后的零件应作认真检查。对于变形的钢材及剪切后的零部件应矫正合格；以防止以后各道工序积累变形。

（2）拼装时应选择合理的装配顺序，一般原则是先将整体构件适当的分成几个部件，分别进行小单元部件的拼装，然后将这些拼装和焊完的部件予以矫正后，再拼成大单元整体。这样可使某些不对称或收缩大的构件焊缝能自由收缩和进行矫正，而不影响整体结构的变形。拼装时还应注意以下事项：

1）拼装前，应按设计图的规定尺寸，认真检查拼装零件的尺寸是否正确。

2）拼装底样的尺寸一定要符合拼装半成品构件的尺寸要求，构件焊接点的收缩量应接近焊后实际变化尺寸要求。

3）拼装时，为防止构件在拼装过程中产生过大的应力变形，应使零件的规格或形状均符合规定的尺寸和样板要求；同时在拼装时不宜采用较大的外力强制组对，以防构件焊后产生过大的约束应力而发生变形。

4）构件组装时，为使焊接接头均匀受热以消除应力和减少变形，应做到对接间隙、坡口角度、搭接长度和T形贴角连接的尺寸正确，其形状、尺寸的要求，应按设计及确保质量的经验做法进行。

5）坡口加工的形式、角度、尺寸应按设计施工图要求进行。

9.3.6 构件跨度不准确

1. 质量通病现象

构件跨度值大于或小于设计值。

2. 预防、治理措施

（1）由于构件制作偏差，起拱与跨度值发生矛盾时，应先满足起拱数值。为保证起拱和跨度数值准确，必须严格按照《钢结构工程施工质量验收规范》GB 50205—2001 的规定检查构件制作尺寸的精确度。

（2）小拼构件偏差必须在中拼时消除。

（3）构件在制作、拼装、吊装中所用的钢尺应统一。

（4）为防止跨度不准确，在制造厂应采用试拼办法解决。

10 单层钢结构安装工程质量控制

10.1 一般规定

（1）单层钢结构安装工程可按变形缝或空间刚度单元等划分成一个或若干个检验批。地下钢结构可按不同地下层划分检验批。

（2）钢结构安装检验批应在进场验收和焊接连接、紧固件连接、制作等分项工程验收合格的基础上进行验收。

（3）安装的测量校正、高强度螺栓安装、负温度下施工及焊接工艺等，应在安装前进行工艺试验或评定，并应在此基础上制定相应的施工工艺或方案。

（4）安装偏差的检测，应在结构形成空间刚度单元并连接固定后进行。

（5）安装时，必须控制屋面、楼面、平台等的施工荷载，施工荷载和冰雪荷载等严禁超过梁、桁架、楼面板、屋面板及平台辅板等的承载能力。

（6）在形成空间刚度单元后，应及时对柱底板和基础顶面的空隙进行细石混凝土、灌浆料等二次浇灌。

（7）吊车梁或直接承受动力荷载的梁及其受拉翼缘、吊车桁架或直接承受动力荷载的桁架，受拉弦杆上不得焊接悬挂物和卡具等。

10.2 单层钢结构安装工程质量控制与验收

10.2.1 主控项目检验

单层钢结构安装工程主控项目检验见表10-1。

主控项目检验　　　　　　　　　　　　　　　　表10-1

序号	项目	合格质量标准	检验方法	检查数量
1	基础验收	建筑物的定位轴线、基础轴线和标高、地脚螺栓的规格及其紧固应符合设计要求	用经纬仪、水准仪、全站仪和钢尺现场实测	按柱基数抽查10%，且不应少于3个
2	基础验收	基础顶面直接作为柱的支承面和基础顶面预埋钢板或支座作为柱的支承面时，其支承面、地脚螺栓（锚栓）位置的允许偏差应符合表10-2的规定	用经纬仪、水准仪、全站仪、水平尺和钢尺实测	按柱基数抽查10%，且不应少于3个
3	基础验收	采用座浆垫板时，座浆垫板的允许偏差应符合表10-3的规定	用水准仪、全站仪、水平尺和钢尺现场实测	资料全数检查。按柱基数抽查10%，且不应少于3个
4	基础验收	采用杯口基础时，杯口尺寸的允许偏差应符合表10-4的规定	观察及尺量检查	按基础数抽查10%，且不应少于4处

续表

序号	项目	合格质量标准	检验方法	检查数量
5	构件验收	钢构件应符合设计要求和 GB 50205 的规定。运输、堆放和吊装等造成钢构件变形及涂层脱落,应进行矫正和修补	用拉线、钢尺现场实测或观察	按构件数抽查 10%,且不应少于 3 个
6	顶紧接触面	设计要求顶紧的节点,接触面不应少于 70% 紧贴,且边缘最大间隙不应大于 0.8mm	用钢尺及 0.3mm 和 0.8mm 厚的塞尺现场实测	按节点数抽查 10%,且不应少于 3 个
7	钢构件垂直度和侧弯矢高	钢屋(托)架、桁架、梁及受压杆件的垂直度和侧向弯曲矢高的允许偏差应符合表 10-5 的规定	用吊线、拉线、经纬仪和钢尺现场实测	按同类构件数抽查 10%,且不少于 3 个
8	主体结构尺寸	单层钢结构主体结构的整体垂直度和整体平面弯曲的允许偏差符合表 10-6 的规定	采用经纬仪、全站仪等测量	对主要立面全部检查。对每个所检查的立面,除两列解柱外,尚应至少选取一列是间柱

支承面、地脚螺栓(锚栓)位置的允许偏差(mm) 表 10-2

项 目		允 许 偏 差
支承面	标高	±3.0
	水平度	$l/1000$
地脚螺栓(锚栓)	螺栓中心偏移	5.0
	预留孔中心偏移	10.0

座浆垫板的允许偏差(mm) 表 10-3

项 目	允 许 偏 差
顶面标高	0.0,-3.0
水平度	$l/1000$
位置	20.0

杯口尺寸的允许偏差(mm) 表 10-4

项 目	允 许 偏 差
底面标高	0.0,-5.0
杯口深度 H	±5.0
杯口垂直度	$H/1000$,且不应大于 10.0
位置	10.0

钢屋(托)架、桁架、梁及受压杆件的垂直度和侧向弯曲矢高的允许偏差(mm) 表 10-5

项 目		允 许 偏 差
跨中的垂直度		$h/250$,且不应大于 15.0
侧向弯曲矢高	$l \leqslant 30\text{m}$	$l/1000$,且不应大于 10.0
	$30\text{m} < l \leqslant 60\text{m}$	$l/1000$,且不应大于 30.0
	$l > 60\text{m}$	$l/1000$,且不应大于 30.0

整体垂直度和整体平面弯曲的允许偏差（mm）　　　　表10-6

项　　目	允　许　偏　差	图　　例
主体结构的整体垂直度	$H/1000$，且不应大于25.0	
主体结构的整体平面弯曲	$L/1500$，且不应大于25.0	

10.2.2　一般项目检验

单层钢结构安装工程一般项目检验见表10-7。

一般项目检验　　　　表10-7

序号	项　目	合格质量标准	检验方法	检查数量
1	地脚螺栓精度	地脚螺栓（锚栓）尺寸的偏差应符合表10-8的规定。地脚螺栓（锚栓）的螺纹应受到保护	用钢尺现场实测	按柱基数抽查10%，且不应少于3个
2	标记	钢柱等主要构件的中心线及标高基准点等标记应齐全	观察检查	按同类构件数抽查10%，且不应少于3件
3	桁架（梁）安装精度	当钢桁架（或梁）安装在混凝土柱上时，其支座中心对定位轴线的偏差不应大于10mm；当采用大型混凝土屋面板时，钢桁架（或梁）间距的偏差不应该大于10mm	用拉线和钢尺现场实测	按同类构件数抽查10%，且不应少于3榀
4	钢柱安装精度	钢柱安装的允许偏差应符合表10-9的规定	见表10-9	按钢柱数抽查10%，且不应少于3件
5	吊车梁安装精度	钢吊车梁或直接承受动力荷载的类似构件，其安装的允许偏差应符合表10-10的规定	见表10-10	按钢吊车梁抽查10%，且不应少于3榀
6	檩条、墙架等构件安装精度	檩条、墙架等次要构件安装的允许偏差应符合表10-11的规定	见表10-11	按同类构件数抽查10%，且不应少于3件
7	平台、钢梯等安装精度	钢平台、钢梯、栏杆安装应符合现行国家标准《固定式钢梯及平台安全要求　第1部分：钢直梯》GB 4053.1、《固定式钢梯及平台安全要求　第2部分：钢斜梯》GB 4053.2、《固定式钢梯及平台安全要求　第3部分：工业防护栏杆及钢平台》GB 4053.3的规定。钢平台、钢梯和防护栏杆安装的允许偏差应符合表10-12的规定	见表10-12	按钢平台总数抽查10%，栏杆、钢梯按总长度各抽查10%，但钢平台不应少于1个，栏杆不应少于5m，钢梯不应少于1跑

续表

序号	项目	合格质量标准	检验方法	检查数量
8	现场焊缝组对精度	现场焊缝组对间隙的允许偏差应符合表 10-13 的规定	尺量检查	按同类节点数抽查 10%，且不应少于 3 个
9	结构表面	钢结构表面应干净，结构主要表面不应有疤痕、泥沙等污垢	观察检查	按同类构件数抽查 10%，且不应少于 3 件

地脚螺栓（锚栓）尺寸的允许偏差（mm）　　　　　表 10-8

项目	允许偏差
螺栓（锚栓）露出长度	+30.0, 0.0
螺纹长度	+30.0, 0.0

单层钢结构中柱子安装的允许偏差（mm）　　　　　表 10-9

项目		允许偏差	图例	检验方法
柱脚底座中心线对定位轴线的偏移		5.0		用吊线和钢尺检查
柱基准点标高	有吊车梁的柱	+3.0 −5.0		用水准仪检查
	无吊车梁的柱	+5.0 −8.0		
弯曲矢高		$H/1200$，且不应大于 15.0		用经纬仪或拉线和钢尺检查
柱轴线垂直度	单层柱 $H \leqslant 10\text{m}$	$H/1000$		用经纬仪或吊线和钢尺检查
	单层柱 $H > 10\text{m}$	$H/1000$，且不应大于 25.0		
	多节柱 单节柱	$H/1000$，且不应大于 10.0		
	多节柱 柱全高	35.0		

钢吊线梁安装的允许偏差（mm） 表10-10

项目		允许偏差	图例	检验方法
梁的跨中垂直度		$h/500$		用吊线和钢尺检查
侧向弯曲矢高		$l/1500$，且不应大于10.0		
垂直上拱矢高		10.0		
两端支座中心位移 Δ	安装在钢柱上时，对牛脚中心的偏移	5.0		用拉线和钢尺检查
	安装在混凝土柱上时，对定位的轴线的偏移	5.0		
吊车梁支座加劲板中心与柱子承压加劲板中心的偏移		$t/2$		用吊线和钢尺检查
同跨间内同一横截面吊车梁顶面高差 Δ	支座处	10.0		用经纬仪、水准仪和钢尺检查
	其他处	15.0		
同跨间内同一横截面下挂式吊车梁顶面高差		10.0		
同列相邻两柱间吊车梁顶面高差 Δ		$l/1500$，且不应大于10.0		用水准仪和钢尺检查
相邻两吊车梁接头部位 Δ	中心错位	3.0		用钢尺检查
	上承式顶高差	1.0		
	下承式底面高差	1.0		

续表

项 目	允许偏差	图 例	检验方法
同跨间任一截面的吊车梁中心跨距 Δ	±10.0		用经纬仪和光电测距仪检查；跨度小时，可用钢尺检查
轨道中心地吊车梁腹板轴线的偏移 Δ	$t/2$		用吊线和钢尺检查

墙架、檩条等次要构件安装的允许偏差（mm）　　表10-11

项 目		允 许 偏 差	检 验 方 法
墙架立柱	中心线对定位轴线的偏移	10.0	用钢尺方法
	垂直度	$H/1000$，且不应大于10.0	用经纬仪或吊线和钢尺检查
	弯曲矢高	$H/1000$，且不应大于15.0	用经纬仪或吊线和钢尺检查
抗风桁架的垂直度		$h/250$，且不应大于15.0	用吊线和钢尺检查
檩条、墙梁的间距		±5.0	用钢尺检查
檩条的弯曲矢高		$L/750$，且不应大于12.0	用拉线和钢尺检查
墙梁弯曲矢高			用拉线和钢尺检查

注：1. H 为墙架立柱的高度；2. h 为抗风桁架的高度；3. L 为檩条或墙梁的长度。

钢平台、钢梯和防护栏杆安装的允许偏差（mm）　　表10-12

项 目	允 许 偏 差	检 验 方 法
平台高度	±15.0	用水准仪检查
平台梁水平度	$l/1000$，且不应大于20.0	用水准仪检查
平台支柱垂直度	$H/1000$，且不应大于15.0	用经纬仪或吊线和钢尺检查
承重平台梁侧向弯曲	$l/1000$，且不应大于10.0	用拉线和钢尺检查
承重平台梁侧垂直度	$h/1000$，且不应大于10.0	用吊线和钢尺检查
直梯垂直度	$l/250$，且不应大于15.0	用吊线和钢尺检查
栏杆高度	±15.0	用钢尺检查
栏杆立柱间距	±15.0	用钢尺检查

现场焊缝组对间隙的允许偏差（mm） 表10-13

项 目	允 许 偏 差
无垫板间隙	+3.0, 0.0
有垫板间隙	+3.0, 0.0

10.3 单层钢结构安装工程常见质量问题的预防与处理

10.3.1 基础混凝土和支承面设计达不到要求

1. 质量通病现象

基础混凝土强度达不到设计要求，有蜂窝及孔洞缺陷；支承面达不到设计所要求的精度。基础标高超过设计值。

2. 预防、治理措施

（1）施工现场应使用准确的计量设施，并经准确的计量。保持砂、石、水泥与水的配合比合理；混凝土搅拌均匀。

（2）浇筑基础底层时，混凝土自由倾落高度不得超过2m，超过时应使用串筒或溜槽等设施来降低其倾落高度，以减缓混凝土过急冲击坠落，导致松散离析。

（3）浇筑混凝土前要认真检查模板支设的牢固性，并将模板的孔洞堵好，防止在浇筑和振捣等外力作用下，模板发生位移而脱离混凝土或漏浆。

（4）浇筑混凝土前，模板应充分均匀润湿，避免混凝土浆被模板吸收，导致贴合性差与离析，产生松散的缺陷。

（5）混凝土浇筑应与振捣工作良好配合，振捣工作应分层进行，保证上下层混凝土捣固均匀，结合良好。

（6）混凝土振捣的效果判定：

1）混凝土不再出现气泡。

2）混凝土上表面较均匀，不再出现显著的下降和凹坑现象。

3）混凝土表面出浆处于水平状态。

4）模板内侧棱角被混凝土充分填充饱满。

5）混凝土表面的颜色均匀一致。

（7）浇筑好的混凝土要用润湿的稻草帘覆盖，并定时浇水保持湿润，以达到强度养生条件。

（8）拆模时间不宜过早，否则，混凝土强度不足，在拆模时会被损坏，发生蜂窝及孔洞等缺陷。

10.3.2 钢柱垂直偏差过大

1. 质量通病现象

钢柱垂直偏差超过允许值。

2. 预防、治理措施

（1）钢柱在制作中的拼装、焊接，均应采取防变形措施；对制作时产生的变形，如超过设计规定的范围时，应及时进行矫正，以防遗留给下道工序发生更大的积累超差变形。

（2）对制作的成品钢柱要加强管理，以防放置的垫块点、运输不合理，由于自重压力作用产生弯矩而发生变形。

（3）因钢柱较长，其刚性较差，在外力作用下易失稳变形，因此竖向吊装时的吊点选择应正确，一般应选在柱全长2/3柱上的位置，可防止变形。

（4）吊装钢柱时应注意起吊半径或旋转半径的正确，并采取在柱底端设置滑移设施，以防钢柱吊起扶直时发生拖动阻力以及压力作用，促使柱体产生弯曲变形或损坏底座板。

（5）当钢柱被吊装到基础平面就位时，应将柱底座板上面的纵横轴线对准基础轴线（一般由地脚螺栓与螺孔来控制），以防止其跨度尺寸产生偏差，导致柱头与屋架安装连接时，发生水平方向向内拉力或向外撑力作用，均使柱身弯曲变形。

（6）钢柱垂直度的校正应以纵横轴线为准，先找正固定两端边柱为样板柱，依样板柱为基准来校正其余各柱。调整垂直度时，垫放的垫铁厚度应合理，否则垫铁的厚度不匀，也会造成钢柱垂直度产生偏差。实际调整垂直度的做法，多用试垫厚薄垫铁来进行，做法较麻烦；可根据钢柱的实际倾斜数值及其结构尺寸，用下式计算所需增、减垫铁厚度来调整垂直度

$$\delta = \frac{\Delta S \cdot B}{2L}$$

式中　　δ——垫板厚度调整值（mm）；

　　　　ΔS——柱顶倾斜的数值（mm）；

　　　　B——柱底板的宽度（mm）；

　　　　L——柱身高度（mm）。

（7）钢柱就位校正时，应注意风力和日照温度、温差的影响，避免柱身发生弯曲变形。其预防措施如下：

1）风力对柱面产生压力，使柱身发生侧向弯曲。因此，在校正柱子时，当风力超过5级时不能进行。对已校正完的柱子应进行侧向梁的安装或采取加固措施，以增加整体连接的刚性，防止风力作用变形。

2）校正柱子应注意防止日照温差的影响，钢柱受阳光照射的正面与侧面产生温差，使其发生弯曲变形。由于受阳光照射的一面温度较高，则阳面膨胀的程度就越大，使柱靠上端部分向阴面弯曲就越严重。故校正柱子工作应避开阳光照射的炎热时间，宜在早晨或较低温的时间内进行。

（8）处理钢柱垂直度超偏的矫正措施可参考如下方法：

1）矫正前，需先在钢柱弯曲部位上方或顶端，加设临时支撑，以减轻其承载的重力。

2）单层厂房一节钢柱弯曲矫正时，可在弯曲处固定一侧向反力架，利用千斤顶进行矫正。因结构钢柱刚性较大，矫正时需用较大的外力，必要时可用氧乙炔焰在弯处凸面进行加热后，再加施顶力可得到矫正。

3）如果是高层结构、多节钢柱某一处弯曲矫正时，与上述2）的矫正方法相同，应按层、分节和分段进行矫正。

（9）钢柱与屋架连接安装后在吊装屋面板时，应由上弦中心两坡边缘向中间对称同步进行，严禁由一坡进行产生侧向集中压力，导致钢柱发生弯曲变形。

（10）未经设计允许不许利用已安装好的钢柱及与其相连的其他构件，作水平拽拉或垂直吊装较重的构件和设备。如需吊装时，应征得设计单位的同意并经过周密的计算，采取有效的加固增强措施，以防止弯曲变形，甚至损坏连接结构。

10.3.3 钢柱长度尺寸偏差过大

1. 质量通病现象

钢柱长度尺寸偏差超过允许值。

2. 预防、治理措施

（1）钢柱在制造过程中应严格控制长度尺寸，在正常情况下应控制以下三个尺寸：

1）控制设计规定的总长度及各位置的长度尺寸。

2）控制在允许的负偏差范围内的长度尺寸。

3）控制正偏差和不允许产生正超差值。

（2）制作时，控制钢柱总长度及各位置尺寸，可参考如下做法：

1）统一进行画线号料、剪切或切割。

2）统一拼接接点位置。

3）统一拼装工艺。

4）焊接环境、采用的焊接规范或工艺，均应统一。

5）如果是焊接连接时，应先焊钢柱的两端，留出一个拼接接点暂不焊，留作调整长度尺寸用，待两端焊接结束、冷却后，经过矫正最后焊接接点，以保证其全长及牛腿位置的尺寸正确。

6）为控制无接点的钢柱全长和牛腿处的尺寸正确，可先焊柱身，柱底座板和柱头板暂不焊，一旦出现偏差时，在焊柱的底端底座板或上端柱头板前进行调整，最后焊接柱底座板和柱头板。

（3）基础支承面的标高与钢柱安装标高的调整处理，应根据成品钢柱实际制作尺寸进行，以实际安装后的钢柱总高度及各位置高度尺寸达到统一。

10.3.4 钢屋架起拱过大

1. 质量通病现象

钢屋架起拱过大。

2. 预防、治理措施

（1）钢屋架在制作阶段应按设计规定的跨度比例（1/500）进行起拱。

（2）起拱的弧度加工后不应存在应力，并使弧度曲线圆滑均匀；如果存在应力或变形时，应认真矫正消除。矫正后的钢屋架拱度应用样板或尺量检查，其结果要符合施工图规定的起拱高度和弧度；凡是拱度及其他部位的结构发生变形时，一定经矫正符合要求后，方准进行吊装。

（3）钢屋架吊装前应制定合理的吊装方案，以保证其拱度及其他部位不发生变形。因屋架刚性较差，在外力作用下，使上下弦产生压力和拉力，导致拱度及其他部位发生变形。故吊装前的屋架应按不同的跨度尺寸进行加固和选择正确的吊点。否则，钢屋架的拱度发生上拱过大或下挠的变形，以至影响钢柱的垂直度。

10.3.5 钢屋架跨度偏差过大

1. 质量通病现象

钢屋架跨度偏差超过允许值。

2. 预防、治理措施

（1）钢屋架制作时应按施工规范规定的工艺进行加工，以控制屋架的跨度尺寸符合设计要求。其控制方法如下：

1）用同一底样或模具并采用挡铁定位进行拼装，以保证拱度的正确。

2）为了在制作时控制屋架的跨度符合设计要求，对屋架两端的不同支座应采用不同的拼装形式。具体做法如下：

① 屋架端部T形支座要采用小拼焊组合，组成的T形支座及屋架，经过矫正后按其跨度尺寸位置相互拼装。

② 非嵌入连接的支座，对屋架的变形经矫正后，按其跨度尺寸位置与屋架一次拼装。

③ 嵌入连接的支座，宜在屋架焊接、矫正后按其跨度尺寸位置相拼装，以便保证跨度、高度的正确及便于安装。

④ 为了便于安装时调整跨度尺寸，对嵌入式连接的支座，制作时先不与屋架组装，应用临时螺栓带在屋架上，以备在安装现场安装时按屋架跨度尺寸及其规定的位置进行连接。

（2）吊装前，屋架应认真检查，对其变形超过标准规定的范围时应经矫正，在保证跨度尺寸后再进行吊装。

（3）安装时为了保证跨度尺寸的正确，应按正确的工艺进行安装。

1）屋架端部底座板的基准线必须与钢柱的柱头板的轴线及基础轴线位置一致。

2）保证各钢柱的垂直度及跨距符合设计要求或规范规定。

3）为使钢柱的垂直度、跨度不产生位移，在吊装屋架前应采用小型拉力工具在钢柱顶端按跨度值对应临时拉紧定位，以便于安装屋架时按规定的跨度进行入位、固定安装。

4）如果柱顶板孔位与屋架支座孔位不一致时，不宜采用外力强制入位，应利用椭圆孔或扩孔法调整入位，并用厚板垫圈覆盖焊接，将螺栓紧固。不经扩孔调整或用较大的外力进行强制入位，将会使安装后的屋架跨度产生过大的偏差。

10.3.6 钢屋架垂直度偏差过大

1. 质量通病现象

钢屋架垂直度偏差超过允许值。

2. 预防、治理措施

（1）钢屋架在制作阶段，对各道施工工序应严格控制质量，首先在放拼装底样画线时，应认真检查各个零件结构的位置并做好自检、专检，以消除误差；拼装平台应具有足够支承力和水平度，以防承重后失稳下沉导致平面不平，使构件发生弯曲，造成垂直度超差。

（2）拼装用挡铁定位时，应按基准线放置。

（3）拼装钢屋架两端支座板时，应使支座板的下平面与钢屋架的下弦纵横线严格垂直。

（4）拼装后的钢屋架吊出底样（模）时，应认真检查上下弦及其他构件的焊点是否与底模、挡铁误焊或夹紧，经检查排除故障或离模后再吊装，否则，易使钢屋架在吊装出模时产生侧向弯曲，甚至损坏屋架或发生事故。

（5）凡是在制作阶段的钢屋架、天窗架，产生各种变形应在安装前矫正后再吊装。

（6）钢屋架安装应执行正确的安装工艺，应保证如下构件的安装质量：

1）安装到各纵横轴线位置的钢柱的垂直度偏差应控制在允许范围内，如钢柱垂直度偏差，会使钢屋架的垂直度也产生偏差。

2）各钢柱顶端柱头板平面的高度（标高）、水平度，应控制在同一水平面。

3）安装后的钢屋架与檩条连接时，必须保证各相邻钢屋架的间距与檩条固定连接的距离位置相一致，不然两者距离尺寸过大或过小，都会使钢屋架的垂直度产生超差。

（7）各跨钢屋架发生垂直度超差时，应在吊装屋面板前，用吊车配合来调整处理。

1）首先应调整钢柱达到垂直后，再用加焊厚薄垫铁来调整各柱头板与钢屋架端部的支座板之间接触面的统一高度和水平度。

2）如果相邻钢屋架间距与檩条连接处间的距离不符而影响垂直度时，可卸除檩条的连接螺栓，仍用厚薄平垫铁或斜垫铁，先调整钢屋架达到垂直度，然后改变檩条与屋架上弦的对应垂直位置再相连接。

10.3.7 钢吊车梁垂直偏差过大

1. 质量通病现象

钢吊车梁垂直偏差超过允许值。

2. 预防、治理措施

（1）钢柱在制作时应严格控制底座板至牛腿面的长度尺寸及扭曲变形，可防止垂直度、水平度发生超差。

（2）应严格控制钢柱制作、安装的定位轴线，可防止钢柱安装后轴线位移及吊车梁安装时垂直度或水平度偏差。

（3）应认真搞好基础支承平面的标高，其垫放的垫铁应正确；二次灌浆工作应采用无收缩、微膨胀的水泥砂浆。避免基础标高超差，影响吊车梁安装水平度的超差。

（4）钢柱安装时，应认真按要求调整好垂直度和牛腿面的水平度，以保证下部吊车梁安装时达到要求的垂直度和水平度。

（5）预先测量吊车梁在支承处的高度和牛腿距柱底的高度，如产生偏差时，可用垫铁在基础上平面或牛腿支承面上予以调整。

（6）吊装吊车梁前，为防止垂直度、水平度超差应认真检查其变形情况，如发生扭曲等变形时应予以矫正，并采取刚性加固措施防止吊装再变形；吊装时应根据梁的长度，可采用单机或双机进行吊装。

（7）安装时，应按梁的上翼缘平面事先画的中心线，进行水平移位、梁端间隙的调整，达到规定的标准要求后，再进行梁端部与柱的斜撑等连接。

（8）吊车梁各部位置基本固定后应认真复测有关安装的尺寸，按要求达到质量标准后，再进行制动架的安装和紧固。

（9）防止吊车梁垂直度、水平度超差，应认真搞好校正工作。其顺序是首先校正标高，其他项目的调整、校正工作，待屋盖系统安装完成后再进行校正、调整，这样可防止因屋盖安装引起钢柱变形而直接影响吊车梁安装的垂直度或水平度的偏差。

10.3.8 吊车轨道安装变形过大

1. 质量通病现象

吊车轨道安装时产生的变形超过允许值。

2. 预防、治理措施

（1）安装吊车梁时应按设计要求进行安装，首先应控制钢柱底板到牛腿面的标高和水平度，如产生偏差时应用垫铁调整到所要求的垂直度。

（2）吊车梁安装前后不许存在弯曲、扭曲等变形。

（3）固定后的吊车梁调整程序应合理：一般是先就位作临时固定，调整工作要待钢屋架及其他构件完全调整固定好之后进行。否则，其他构件安装调整将会使钢柱（牛腿）位移，直接影响吊车梁的安装质量。

（4）吊车梁的安装质量，要受吊车轨道的约束，同时吊车梁的设计起拱上挠值的大小与轨道的水平度有一定的影响。

（5）吊车轨道在安装前应严格复测吊车梁的安装质量，使其上平面的中心线、垂直度和水平度的偏差数值控制在设计或施工规范的允许范围之内；同时对轨道的总长和分段（接头）位置尺寸分别测量，以保证全长尺寸、接头间隙的正确。

（6）安装轨道时为了保证各项技术指标达到设计和现行施工规范的标准，应做到如下要求：

1）轨道的中心线与吊车梁的中心线应控制在允许偏差的范围内，使轨道受力重心与吊车梁腹板中心的偏移量不得大于腹板厚板的 1/2。调整时，为达到这一要求，应使两者（吊车梁及轨道）同时移动，否则不能达到这一数值标准。

2）安装调整水平度或直线度用的斜、平垫铁与轨道和吊车梁应接触紧密，每组垫铁不应超过 2 块；长度应小于 100mm；宽度应比轨道底宽 10~20mm；两组垫铁间的距离不应小于 200mm；垫铁应与吊车梁焊接牢固。

3）如果轨道在混凝土吊车梁上安装时，垫放的垫铁应平整，且与轨道底面接触紧密，接触面积应大于 60%；垫板与混凝土吊车梁的间隙应大于 25mm，并用无收缩水泥砂浆填实；小于 25mm 时应用开口型垫铁垫实；垫铁一边伸出桥型垫板外约 10mm，并焊牢固。

4）为使安装后的轨道水平度、直线度符合设计或规范的要求，固定轨道、矩形或桥形的紧固螺栓应有防松措施，一般在螺母下应加弹簧垫圈或用副螺母，以防吊车工作时在荷载及振动等外力作用下，使螺母松脱。

11 多层及高层钢结构安装质量控制

钢结构安装是将各个单体（或组合体）构件组成一个整体，其所提供的整体建筑物将直接投入生产使用，安装上出现的质量问题有可能成为永久性缺陷。同时钢结构安装工程具有作业面广，工序作业点多，材料、构件等供应渠道来自各方，手工操作比重大，交叉立体作业复杂，工程规模大小不一以及结构形式变化不同等特点，因此，更显示质量控制的重要性。

11.1 一般规定

11.1.1 施工准备的一般规定

（1）建筑钢结构的安装，应符合施工图设计的要求，并应编制安装工程施工组织设计。

（2）安装用的专用机具和工具，应满足施工要求，并应定期进行检验，保证合格。

（3）安装的主要工艺，如测量校正、高强度螺栓安装、负温度下施工及焊接工艺等，应在安装前进行工艺试验或评定，并应在此基础上制定相应的施工工艺和施工方案。

（4）安装前，应对构件的变形尺寸、螺栓孔直径及位置、连接件位置及角度、焊缝、栓钉、高强度螺栓接头摩擦面加工质量、栓件表面的油漆等进行全面检查，在符合设计文件或有关标准的要求后，方能进行安装工作。

（5）安装使用的测量工具应按同一标准鉴定，并应具有相同的精度等级。

11.1.2 基础和支承面的一般规定

（1）建筑钢结构安装前，应对建筑物的定位轴线、平面封闭角、柱的位置线、钢筋混凝土基础的标高和混凝土强度等级等进行复查，合格后方能开始安装工作。

（2）框架柱定位轴线的控制，可采用在建筑物外部或内部设辅助线的方法。每节柱的定位轴线应从地面控制轴线引上来，不得从下层柱的轴线引出。

（3）柱的地脚螺栓位置应符合设计文件或有关标准的要求，并应有保护螺纹的措施。

（4）底层柱地脚螺栓的紧固轴力，应符合设计文件的规定。螺母止退可采用双螺母，或用电焊将其焊牢。

（5）结构的楼层标高可按相对标高或设计标高进行控制。

11.1.3 构件安装顺序的一般规定

（1）建筑钢结构的安装应符合下列要求：
1）划分安装流水区段。

2) 确定构件安装顺序。
3) 编制构件安装顺序表。
4) 进行构件安装，或先将构件组拼成扩大安装单元，再行安装。

(2) 安装流水区段可按建筑物的平面形状、结构形状、安装机械的数量、现场施工条件等因素划分。

(3) 构件安装的顺序，平面上应从中间向四周扩展，竖向应由下向上逐渐安装。

(4) 构件的安装顺序表，应包括各构件所用的节点板、安装螺栓的规格数量等。

11.1.4 钢构件安装的一般规定

(1) 柱的安装应先调整标高，再调整位移，最后调整垂直偏差，并应重复上述步骤，直到柱的标高、位移及垂直偏差符合要求。调整柱垂直度的缆风绳或支撑夹板，应在柱起吊前在地面绑扎好。

(2) 当由多个构件在地面组拼为扩大安装单元进行安装时，其吊点应经过计算确定。

(3) 构件的零件及附件应随构件一起起吊，尺寸较大、重量较重的节点板，可以用铰链固定在构件上。

(4) 柱、主梁、支撑等大构件安装时，应随即进行校正。

(5) 当天安装的钢构件应形成空间稳定体系。形成空间刚度单元后，和基础顶面的空隙进行细石混凝土、灌浆料等两次浇灌。

(6) 进行钢结构安装时，必须控制屋面、楼面、平台等的施工荷载和冰雪荷载等严禁超过梁、桁架、楼面板、屋面板、平台铺板等的承载能力。

(7) 一节柱的各层梁安装完毕后，宜立即安装本节柱范围内的各层楼梯，并铺设各层楼面的压型钢板。

(8) 安装外墙板时，应根据建筑物的平面形状对称安装。

(9) 吊车梁或直接承受动力荷载的梁其受拉翼缘、吊车桁架或直接承受动力荷载的桁架其受拉弦杆上不得焊接悬挂物和卡具。

(10) 一个流水段一节柱的全部钢构件安装完毕并验收合格后，方可进行下一流水段的安装工作。

11.1.5 安装测量校正的一般规定

(1) 柱在安装校正时，水平偏差应校正到允许偏差以内。在安装柱与柱之间的主梁时，再根据焊缝收缩量预留焊缝变形值。

(2) 结构安装时，应注意日照、焊接等温度变化引起的热影响对构件的伸缩和弯曲引起的变化，应采取相应措施。

(3) 用缆风绳或支撑校正柱时，应在缆风绳或支撑松开状态下使柱保持垂直，才算校正完毕。

(4) 在安装柱与柱之间的主梁构件时，应对柱的垂直度进行监测。除监测一根梁两端柱子的垂直度变化外，还应监测相邻各柱因梁连接而产生的垂直度变化。

(5) 安装压型钢板前，应在梁上标出压型钢板铺放的位置线。铺放压型钢板时，相邻两排压型钢板端头的波形槽口应对准。

（6）栓钉施工前应标出栓钉焊接的位置。若钢梁或压型钢板在栓定位置有锈污或镀锌层，应采用角向砂轮打磨干净。栓钉焊接时应按位置线排列整齐。

11.2 多层及高层钢结构安装工程质量控制与验收

11.2.1 主控项目检验

多层及高层钢结构安装工程主控项目检验见表11-1。

主控项目检验　　　　　　　　　　　　　　　表11-1

序号	项目	合格质量标准	检验方法	检查数量
1	基础验收	建筑物的定位轴线、基础上柱的定位轴线和标高、地脚螺栓（锚栓）的规格和位置、地脚螺栓（锚栓）紧固应符合设计要求。当设计无要求时，应符合表11-2的规定	采用经纬仪、水准仪、全站仪和钢尺实测	按柱基数抽查10%，且不应少于3个
2	基础验收	多层建筑以基础顶面直接作为柱的支承面，或以基础顶面预埋钢板或支座作为柱的支承面时，其支承面、地脚螺栓（锚栓）位置的允许偏差应符合相关的规定	用经纬仪、水准仪、全站仪、水平尺和钢尺实测	按柱基数抽查10%，且不应少于3个
3	基础验收	多层建筑采用座浆垫板时，座浆垫板的允许偏差应符合相关的规定	用水准仪、全站仪、水平尺和钢尺实测	资料全数检查。按柱基数抽查10%，且不应少于3个
4	基础验收	当采用杯口基础时，杯口尺寸的允许偏差应符合相关的规定	观察及尺量检查	按基础数抽查10%，且不应少于4处
5	构件验收	钢构件应符合设计要求和规范规定。运输、堆放和吊装等造成的钢构件变形及涂层脱落，应进行矫正和修补	用拉线、钢尺现场实测或观察	按构件数检查10%，且不应少于3个
6	顶紧接触面	柱子安装的允许偏差应符合表11-3的规定	用全站仪或激光经纬仪和钢尺实测	标准柱全部检查；非标准柱抽查10%，且不应少于3根
7	钢构件垂直度和侧弯矢高	设计要求顶紧的节点，接触面不应少于70%紧贴，且边缘最大间隙不应大于0.8mm	用钢尺及0.3mm和0.8mm厚的塞尺现场实测	按节点数抽查10%，且不应少于3个
8	主体结构尺寸	钢主梁、次梁及受压杆件的垂直度和侧向弯曲矢高的允许偏差应符合相关规范有关钢屋（托）架允许偏差的规定	用吊线、拉线、经纬仪和钢尺现场实测	按同类构件数抽查10%，且不应少于3个
9	主体结构的整体垂直度和整体平面弯曲矢高	多层及高层钢结构主体结构的整体垂直度和整体平面弯曲矢高的允许偏差符合表11-4的规定	对于整体垂直度，可采用激光经纬仪、全站仪测量，也可根据各节柱的垂直度允许偏差累计（代数和）计算。对于整体平面弯曲，可按产生的允许偏差累计（代数和）计算	对主要立面全部检查。对每个所检查的立面，除两列角柱外，尚应至少选取一列中间柱

125

**建筑物定位轴线、基础上柱的定位轴线和标高、
地脚螺栓（锚栓）的允许偏差（mm）**　　　　　　表 11-2

项　目	允　许　偏　差	图　例
建筑物定位轴线	$L/20000$，且不应大于 3.0	
基础上柱的定位轴线	1.0	
基础上柱底标高	±2.0	
地脚螺栓（锚栓）位移	2.0	

柱子安装的允许偏差（mm）　　　　　　表 11-3

项　目	允　许　偏　差	图　例
底层柱柱底轴线对定位轴线偏移	3.0	
柱子定位轴线	1.0	
单节柱的垂直度	$h/1000$，且不应大于 10.0	

整体垂直度和整体平面弯曲的允许偏差（mm）　　　表 11-4

项　目	允　许　偏　差	图　例
主体结构的整体垂直度	$(H/2500+10.0)$，且不应大于 50.0	
主体结构的整体平面弯曲	$L/1500$，且不应大于 25.0	

11.2.2　一般项目检验

多层及高层钢结构安装工程一般项目检验见表 11-5。

一般项目检验　　　表 11-5

序号	项　目	合格质量标准	检验方法	检　查　数　量
1	基础和支承面	地脚螺栓（锚栓）尺寸的允许偏差应符合表 10-8 相关的规定。地脚螺栓（锚栓）的螺纹应受到保护	用钢尺现场实测	按柱基数抽查 10%，且不应少于 3 个
2	安装和校正	钢结构表面应干净，结构主要表面不应有疤痕、泥沙等污垢	观察检查	按同类构件数抽查 10%，且不应少于 3 件
3		钢柱等主要构件的中心线及标高基准点等标记应齐全	观察检查	按同类构件数抽查 10%，且不应少于 3 件
4		钢构件安装的允许偏差应符合表 11-6 的规定	见表 11-6	按同类构件或节点数抽查 10%。其中柱和梁各不应少于 3 件，主梁与次梁连接节点不应少于 3 个，支承压型金属板的钢梁长度不应少于 5mm
5		主体结构总高度的允许偏差应符合表 11-7 的规定	采用全站仪、水准仪和钢尺实测	按标准柱列数抽查 10%，且不应少于 4 例
6		当钢构件安装在混凝土柱上时，其支座中心对定位轴线的偏差不应大于 10mm；当采用大型混凝土屋面板时，钢梁（或桁架）间距的偏差不应大于 10mm	用拉线和钢尺现场实测	按同类构件数抽查 10%，且不应少于 3 榀

续表

序号	项目	合格质量标准	检验方法	检查数量
7	安装和校正	多层及高层钢结构中钢吊车梁或直接承受动力荷载的类似构件，其安装的允许偏差应符合表 11-8 的规定	见表 11-8	按钢吊车梁数抽查 10%，且不应少于 3 榀
8		多层及高层钢结构中檩条、墙架等次要构件安装的允许偏差应符合表 11-9 的规定	见表 11-9	按同类构件数抽查 10%，且不应少于 3 件
9		多层及高层钢结构中钢平台、钢梯、栏杆安装应符合现行国家标准《固定式钢梯及平台安全要求 第 1 部分：钢直梯》GB 4053.1、《固定式钢梯及平台安全要求 第 2 部分：钢斜梯》GB 4053.2 和《固定式钢梯及平台安全要求 第 3 部分：工业防护栏杆及钢平台》GB 4053.3 的规定。钢平台、钢梯和防护栏杆安装的允许偏差应符合表 11-10 的规定	见表 11-10	按钢平台总数抽查 10%，栏杆、钢梯按总长度各抽查 10%，但钢平台不应少于 1 个，栏杆不应少于 5mm，钢梯不应少于 1 跑
10		多层及高层多结构中现场焊缝组对间隙的允许偏差应符合表 10-13 的规定	尺量检查	按同类节点数抽查 10%，且不应少于 3 个

多层及高层钢结构中构件安装的允许偏差（mm）　　　　表 11-6

项目	允许偏差	图例	检验方法
上、下柱连接处的错口 Δ	3.0		用钢尺检查
同一层柱的各柱顶高度差 Δ	5.0		用水准仪检查
同一根梁两端顶面的高差 Δ	$l/1000$，且不应大于 10.0		用水准仪检查
主梁与次梁表面的高差 Δ	±2.0		用直尺和钢尺检查
压型金属板在钢梁上相邻列的错位 Δ	15.00		用直尺和钢尺检查

多层及高层钢结构主体的结构总高度的允许偏差（mm） 表 11-7

项 目	允许偏差	图 例
用相对标高控制安装	$\pm \sum (\Delta_h + \Delta_z + \Delta_w)$	（图：矩形，高度 H）
用设计标高控制安装	$H/1000$，且不应大于 30.0 $-H/1000$，且不应小于 -30.0	

注：1. Δ_h 为每节柱子长度的制造允许偏差；
  2. Δ_z 为每节柱子长度受荷载后的压缩值；
  3. Δ_w 为每节柱子接头焊缝的收缩值。

钢吊车梁安装的允许偏差（mm） 表 11-8

项 目		允许偏差	图 例	检验方法
梁的跨中垂直度 Δ		$h/500$		用吊线和钢尺检查
侧向弯曲矢高		$l/1500$，且不应大于 10.0		
垂直上拱矢高		10.0		
两端支座中心位移 Δ	安装在钢柱上时，对牛腿中心的偏移	5.0		用拉线和钢尺检查
	安装在混凝土柱上时，对定位轴线的偏移	5.0		
吊车梁支座加劲板中心与柱子承压加劲板中心的偏移 Δ_1		$t/2$		用吊线和钢尺检查
同跨间内同一横截面吊车梁顶面高差 Δ	支座处	10.0		用经纬仪、水准仪和钢尺检查
	其他处	15.0		
同跨间内同一横截面下挂式吊车梁底面高差 Δ		10.0		
同列相邻两柱间吊车梁顶面高差 Δ		$l/1500$，且不应大于 10.0		用水准仪和钢尺检查

续表

项	目	允许偏差	图 例	检验方法
相邻两吊车梁接头部位 Δ	中心错位	3.0		用钢尺检查
	上承式顶面高差	1.0		
	下承式底面高差	1.0		
同跨间任一截面的吊车梁中心跨距 Δ		±10.0		用经纬仪和光电测距仪检查；跨度小时，可用钢尺检查
轨道中心对吊车梁腹板轴线的偏移 Δ		$t/2$		用吊线和钢尺检查

墙架、檩条等次要构件安装的允许偏差（mm）　　　　表 11-9

项	目	允许偏差	检验方法
墙架立柱	中心线对定位轴线的偏移	10.0	用钢尺检查
	垂直度	$H/1000$，且不应大于 10.0	用经纬仪或吊线和钢尺检查
	弯曲矢高	$H/1000$，且不应大于 15.0	用经纬仪或吊线和钢尺检查
抗风桁架的垂直度		$h/250$，且不应大于 15.0	用吊线和钢尺检查
檩条、墙梁的间距		±5.0	用钢尺检查
檩条的弯曲矢高		$L/750$，且不应大于 12.0	用拉线和钢尺检查
墙梁的弯曲矢高		$L/750$，且不应大于 10.0	用拉线和钢尺检查

注：1. H 为墙架立柱的高度；
　　2. h 为抗风桁架的高度；
　　3. L 为檩条或墙梁的长度。

钢平台、钢梯和防护栏杆安装的允许偏差（mm） 表11-10

项　　目	允　许　偏　差	检　验　方　法
平台高度	±15.0	用水准仪检查
平台梁水平度	$l/1000$，且不应大于20.0	用水准仪检查
平台支柱垂直度	$H/1000$，且不应大于15.0	用经纬仪或吊线和钢尺检查
承重平台梁侧向弯曲	$l/1000$，且不应大于10.0	用拉线和钢尺检查
承重平台梁垂直度	$h/250$，且不应大于15.0	用吊线和钢尺检查
直梯垂直度	$l/1000$，且不应大于15.0	用吊线和钢尺检查
栏杆高度	±15.0	用钢尺检查
栏杆立柱间距	±15.0	用钢尺检查

11.3 多层及高层钢结构安装工程常见质量问题的预防与处理

11.3.1 多层装配式框架安装变形过大

1. 质量通病现象

钢柱、钢梁及其配件有变形；吊装后轴线偏差超过允许值。

2. 预防、治理措施

（1）安装前，必须对钢柱、钢梁及其配件进行校正后，方可进行安装。

（2）高层和超高层钢结构测设，根据现场情况可采用外控法和内控法：

1）外控法：现场较宽大，高度在100m内，地下室部分根据楼层大小可采用十字及井字控制，在柱子延长线上设置两个桩位，相邻柱中心间距的测量允许误差值为1mm，第一根钢柱至第2根钢柱间距的测量允许误差值为1mm。每节柱的定位轴线应从地面控制轴线引上来，不得从下层柱的轴线引出。

2）内控法：现场宽大，高度超过100m，地上部分在建筑物内部设辅助线，至少要设3个点，每2点连成的线最好要垂直，三点不得在一条线上。

（3）利用激光仪发射的激光点——标准点，应每次转动90°，并在目标上测4个激光点，其相交点即为正确点。除标准外的其他各点，可用方格网法或极坐标法进行复核。

（4）内爬式塔吊或附着式塔吊，与建筑物相连，在起吊重物时，易使钢结构本身产生水平晃动，此时应尽量停止放线。

（5）对结构自振周期引起的结构振动，可取其平均值。

（6）雾天、阴天因视线不清，不能放线。为防止阳光对钢结构照射产生变形，放线工作宜安排在日出或日落后进行。

（7）钢尺要统一，使用前要进行温度、拉力及挠度校正，在有条件的情况下应采用全站仪，接收靶测距精度最高。

（8）在钢结构上放线要用钢划针，线宽一般为0.2mm。

（9）把轴线放到已安好的柱顶上，轴线应在柱顶上三面标出，如图11-1所示。假定 X 方向钢柱一侧位移值为 a，另一侧轴线位移值为 b，实际上钢柱柱顶偏离轴的位移值为 $(a+b)/2$，柱顶扭转值为 $(a-b)/2$。沿 Y 方向的位移值为 c 值，应做修正。

（10）在吊装过程中，对每一钢构件，都要查明其重量、就位位置、连接方式以及连接板尺寸，确保安全及质量要求。

11.3.2 水平支撑安装偏差过大

1. 质量通病现象

水平支撑安装偏差过大。

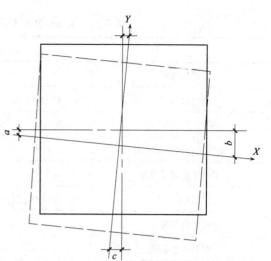

图11-1 柱顶轴线位移

2. 预防、治理措施

（1）严格控制钢构件制作、安装时的尺寸偏差：

1）控制钢屋架的制作尺寸和安装位置的准确。

2）控制水平支撑在制作时的尺寸不产生偏差，应根据连接方式采用下列方法予以控制。

① 如采用焊接连接时，应用放实样法确定总长尺寸。

② 如采用螺栓连接时，应通过放实样法制出样板来确定连接板的尺寸。

③ 号孔时应使用统一样板进行。

④ 钻孔时要使用统一固定模具钻孔。

⑤ 拼装时，应按实际连接的构件长度尺寸、连接的位置，在底样上用挡铁准确定位进行拼装；为防止水平支撑产生上拱或下挠，在保证其总长尺寸不产生偏差的条件下，可将连接的孔板用螺栓临时连接在水平支撑的端部；待安装时与屋架相连。如水平支撑的制作尺寸及屋架的安装位置，都能保证准确时，也可将连接板按位置先焊在屋架上，安装时可直接将水平支撑与屋架孔板连接。

（2）吊架时，应采用合理的吊装工艺，防止产生弯曲变形，导致其下挠度的超差。可采用以下方法防止吊装变形：

1）如十字水平支撑长度较长、型钢截面较小、刚性较差，吊装前应用圆木杆等材料进行加固。

2）吊点位置应合理，使其受力重心在平面均匀受力，吊起时不产生下挠为准。

（3）安装时，应使水平支撑稍作上拱略大于水平状态与屋架连接，使安装后的水平支撑即可消除下挠；如连接位置发生较大偏差不能安装就位时，不宜采用牵拉工具用较大的外力强行入位连接，否则不但会使屋架下弦侧向弯曲或水平支撑发生过大的上拱或下挠，还会使连接构件存在较大的结构应力。

11.3.3 梁—梁、柱—柱节点接头施工端部节点不密合

1. 质量通病现象

梁—梁、柱—柱端部节点之间缝隙过大。

2. 预防、治理措施

（1）门式刚架跨度大于或等于 15m 时，其横梁宜起拱，拱度可取跨度的 1/500，在制作、拼装时应确保起拱高度，注意拼装胎具下沉影响拼装过程起拱值。

（2）刚架横梁的高度与其跨度之比：格构式横梁可取 1/15～1/25；实腹式横梁可取 1/30～1/45。

（3）采用高强度螺栓，螺栓中心至翼缘板表面的距离，应满足拧紧螺栓时的施工要求。紧固件的中心距，理论值约为 $2.5d_0$，考虑旋拧方便取 $3d_0$（d_0 为螺栓直径）。

（4）梁—梁、柱—梁端部节点板焊接时要将两梁端板拼在一起有约束的情况下再进行焊接，变形即可消除。

（5）门式钢架梁—梁节点宜采用图 11-2 所示形式。

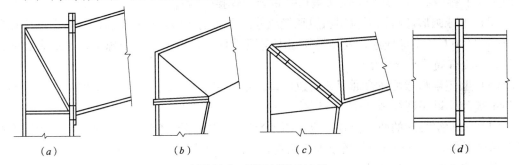

图 11-2 刚架斜梁的连接

（a）端板竖放；（b）端板横放；（c）端板斜放；（d）斜梁拼装

12 钢网架结构安装工程质量控制

12.1 一般规定

12.1.1 焊接球节点加工的一般规定

（1）焊接空心球节点由空心球、钢管杆件、连接套管等零件组成。空心球制作工艺流程应为：下料→加热→冲压→切边坡口→拼装→焊接→检验。

（2）半球圆形坯料钢板应用乙炔氧气或等离子切割下料。坯料锻压的加热温度应控制在 900~1100℃。半球成形，其坯料须在固定锻模具上热挤压成半个球形，半球表面光滑平整，不应有局部凸起或褶皱。

（3）毛坯半圆球可在普通车床切边坡口。不加肋空心球两个半球对装时，中间应预留 2.0mm 缝隙，以保证焊透。

（4）加肋空心球的肋板位置，应在两个半球的拼接环形缝平面处。加肋钢板应用乙炔氧气切割下料，且外径（D）留放加工余量，其内孔以 $D/3 \sim D/2$ 割孔。

（5）空心球与钢管杆件连接时，钢管两端开坡口30°，并在钢管两端头内加套管与空心球焊接，球面上相邻钢管杆件之间的缝隙不宜小于10mm。钢管杆件与空心球之间应留有 2.0~6.0mm 的缝隙予以焊透。

12.1.2 螺栓球节点加工的一般规定

（1）螺栓球节点主要由钢球、高强螺栓、锥头或封板、套筒等零件组成。钢球、锥头、封板、套筒等原材料是圆钢，采用锯床下料，圆钢经加热温度控制在 900~1100℃ 之间，分别在固定的锻模具上压制成形。

（2）螺栓球加工应在车床上进行，其加工程序第一是加工定位工艺孔，第二是加工各弦杆孔。相邻螺孔角度必须以专用的夹具架保证。每个球必须检验合格，打上操作者标记和安装球号，最后在螺纹处涂上黄油防锈。

12.1.3 钢管杆件加工的一般规定

（1）钢管杆件应用切割机或管子车床下料，下料后长度应放余量，钢管两端应坡口30°，钢管下料长度应预加焊接收缩量，如钢管壁厚≤6.0mm，每条焊缝放 1.0~1.5mm；壁厚≥8.0mm，每条焊缝放 1.5~2.0mm。钢管杆件下料后必须认真清除钢材表面的氧化皮和锈蚀等污物，并采取防腐措施。

（2）钢管杆件焊接两端加锥头或封板，长度是用专门的定位夹具控制，以保证杆件的精度和互换性。采用手工焊，焊接成品应分三步到位：一是定长度点焊；二是底层焊；三是面层焊。当采用 CO_2 气体保护自动焊接机床焊接钢管杆件，它只需要钢管杆件配锥头或封板后焊接自动完成一次到位，焊缝高度必须大于钢管壁厚。对接焊缝部位应在清除焊渣后涂刷防锈漆，检验合格后打上焊工钢印和安装编号。

12.2 钢网架结构安装工程质量控制与验收

12.2.1 主控项目检验

钢网架结构安装工程主控项目检验见表12-1。

主控项目检验　　　　　　表12-1

序号	项目	合格质量标准	检验方法	检查数量
1	基础验收	钢网架结构支座定位轴线的位置、支座锚栓的规格应符合设计要求	用经纬仪和钢尺实测	按支座数抽查10%，且不应少于4处
2	基础验收	支承面顶板的位置、标高、水平度以及支座锚栓位置的允许偏差应符合表12-2的规定	用经纬仪、水准仪、水平尺和钢尺实测	按支座数抽查10%，且不应少于4处
3	支座	支承垫块的种类、规格、摆放位置和朝向，必须符合设计要求和国家现行有关标准的规定。橡胶垫块与刚性垫块之间或不同类型刚性垫块之间不得互换使用	观察和用钢尺实测	按支座数抽查10%，且不应少于4处
4	支座	网架支座锚栓的紧固应符合设计要求	观察检查	按支座数抽查10%，且不应少于4处%，且不应少于4处
5	拼装精度	小拼单元的允许偏差应符合表12-3的规定	用钢尺和拉线等辅助量具实测	按单元数抽查5%，且不应少于5个
6	拼装精度	中拼单元的允许偏差应符合表12-4的规定	用钢尺和辅助量具实测	全数检查
7	节点承载力试验	对建筑结构安全等级为一级，跨度40m及以上的公共建筑钢网架结构，且设计有要求时，应按下列项目进行节点承载力试验，其结果应符合以下规定： （1）焊接球节点应按设计指定规格的球及其匹配的钢管焊接成试件，进行轴心拉、压承载力试验，其试验破坏荷载值大于或等于1.6倍设计承载力为合格。 （2）螺栓球节点应按设计指定规格的球最大螺栓孔螺纹进行抗拉强度保证荷载试验，当达到螺栓的设计承载力时，螺孔、螺纹及封板仍完好无损为合格	在万能试验机上进行检验，检查试验报告	每项试验做3个试件
8	结构挠度	钢网架结构总拼完成后及屋面工程完成应分别测量其挠度值，且所测的挠度值不应超过相应超过相应设计值的1.15倍	用钢尺和水准仪实测	跨度24m及以下钢网架结构测量下弦中央一点；跨度24m以上钢网架结构测量下弦中央一点及各向下弦跨度的四等分点

支承面顶板、支座锚栓位置的允许偏差（mm）　　　　　表12-2

项　　　　目		允　许　偏　差
支承面顶板	位置	15.0
	顶面标高	0，-0.3
	顶面水平度	$l/1000$
支座锚栓	中心偏移	±5.0

小拼单元的允许偏差（mm）　　　　　表12-3

项　　　　目		允　许　偏　差
节点中心偏移		2.0
焊接球节点与钢管中心的偏移		1.0
杆件轴线的弯曲		$L_1/1000$，且不应大于5.0
锥体型小拼单元	弦杆长度	±2.0
	锥体高度	±2.0
	上弦杆对角线长度	±3.0
平面桁架型小拼单元	跨长　≤24mm	+3.0，-7.0
	跨长　>24mm	+5.0，-10.0
	跨中高度	±3.0
	跨中拱度　设计要求起拱	±$L/5000$
	跨中拱度　设计未要求起拱	+10.0

注：1. L_1为杆件长度；2. L为跨长。

中拼单元的允许偏差（mm）　　　　　表12-4

项　　　　目		允　许　偏　差
单元长度≤20m，拼接长度	单跨	±10.0
	多跨连续	±5.0
单元长度>20m，拼接长度	单跨	±20.0
	多跨连续	±10.0

12.2.2　一般项目检验

钢网架结构安装工程一般项目检验见表12-5。

一般项目检验　　　　　　　　　　　表 12-5

序号	项　目	合格质量标准	检验方法	检查数量
1	锚栓精度	支座锚栓的紧固允许偏差应符合表 10-8 的规定。支座锚栓的螺纹应受到保护	用钢尺实测	按支座数抽查 10%，且不应少于 4 处
2	结构表面	钢网架结构安装完成后，其节点及杆件表面应干净，不应有明显的疤痕、泥沙和污垢。螺栓球节点应将所有接缝用油腻子填嵌严密，并应将多余螺孔封口	观察检查	按节点及杆件数量抽查 5%，且不应少于 10 个节点
3	桁架（梁）安装精度	钢网架结构安装完成后，其安装的允许偏差应符合表 12-6 的规定	见表 12-6	全数检查

钢网架结构安装的允许偏差（mm）　　　　表 12-6

项　目	允　许　偏　差	检　验　方　法
纵向、横向长度	$L/2000$，且不应大于 30.0 $-L/2000$，且不应大于 -30.0	用钢尺实测
支座中心偏移	$L/3000$，且不应大于 30.0	用钢尺和经纬仪实测
周边支承网架相邻支座高差	$L/400$，且不应大于 15.0	用钢尺和水准仪实测
支座最大高差	30.0	
多点支承网架相邻支座高差	$L_1/800$，且不应大于 30.0	

注：1. L 为纵向、横向长度；2. L_1 为相邻支座间距。

12.3 钢网架结构安装工程常见质量问题的预防与处理

12.3.1 钢网架总拼施工质量通病及防治

1. 钢网架节点连接不严密

（1）质量通病现象

钢网架节点连接处缝隙太大。

（2）预防、治理措施

1）焊接空心球节点。当空心球的外径等于或大于 300mm，且内力较大，需要提高承载能力时，球内可加环肋，其厚度不应小于球壁厚，同时焊件应连接在环肋的平面内。

球节点与杆件相连接时，两杆件在球面上的距离不得小于 20mm，如图 12-1 所示。

焊接球节点的半圆球，宜用机床加工成坡口。焊接后的成品球的表面应光滑平整，不得有局部凸起或折皱，其几何尺寸和焊接质量应符合设计要求。成品球应按 1% 作抽样进行无损检查。

2）螺栓球节点。螺栓球节点系通过螺栓将管形截面的杆件和钢球连接起来的节点，一般由螺栓、钢球、销子、套管和锥头或封板等零件组成，如图 12-2 所示。

图 12-1 空心球节点示意图

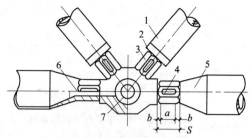

图 12-2 螺栓球节点图
1—钢管；2—封板；3—套管；4—销子；
5—锥头；6—螺栓；7—钢球

螺栓球节点毛坯不圆度的允许制作误差为 2mm，螺栓按 3 级精度加工，其检验标准如下：

① 螺栓球节点的螺纹应按 6H 级精度加工，并符合国家标准的规定。球中心至螺孔端面距离偏差为 ±0.20mm，螺栓球螺孔角度允许偏差为 ±30′。

② 螺栓球节点钢管杆件成品是指钢管与锥头或封板的组合长度，其允许偏差值指组合偏差为 ±1mm。

③ 钢管杆件宜用机床、切管机、爬管机下料，也可用气割下料，其长度都应考虑杆件与锥头或封板焊接收缩量值。影响焊接收缩量的因素较多，如焊缝长度和厚度、气温的高低、焊接电流大小、焊接方法、焊接速度、焊接层次及焊工技术水平等，具体收缩值可通过试验和经验数值确定。

④ 拼装顺序应从一端向另一端，或者从中间向两边，以减少累积偏差。

拼装工艺：先拼下弦杆，将下弦的标高和轴线校正后，全部拧紧螺栓定位，安装腹杆，必须使其下弦连接端的螺栓拧紧，如拧不紧，当周围螺栓都拧紧后，因锥头或封板孔较大，螺栓有可能偏斜，就难处理。连接上弦时，开始不能拧紧，如此循环部分网架拼装完成后，要检查螺栓，对松动螺栓，再复拧一次。

⑤ 螺栓球节点网架安装时，必须将高强度螺栓拧紧，螺栓拧进长度为该螺栓直径的 1 倍时，可以满足受力要求，按规定拧进长度为直径的 1.1 倍，并随时进行复拧。

⑥ 螺栓球与钢管特别是拉杆的连接，杆件在承受拉力后即变形，必然产生缝隙，在南方或沿海地区，水汽有可能进入高强度螺栓或钢管中，易腐蚀，因此网架的屋盖系统安装后各接头用油腻子将所有空余螺孔及接缝处填嵌密实，补刷防腐漆两道。

2. 拼装精度不够

（1）质量通病现象

网架拼装精度偏差超过允许值。

（2）预防、治理措施

1）网架的拼装应根据网架跨度、平面形状、网架结构形状和吊装方法等因素，综合分析确定网架制作的拼装方案。

网架的拼装一般可采用整体拼装、小单元拼装（分条或分块单元拼装）等。不论选用哪种拼装方式，拼装时均应在拼装模架上进行，要严格控制各部分尺寸。对于小单元拼装的网架，为保证高空拼装节点的吻合和减少累积误差，一般应在地面预装。

拼装时要选择合理的焊接工艺，尽量减少焊接变形和焊接应力。拼装的焊接顺序应从中间开始，向两端或向四周延伸展开进行。

焊接节点的网架点拼后，对其所有的焊缝均应作全面的检查，对大中跨度的钢管网架的对接焊缝，应作无损检验。

2) 作业条件。

① 拼装焊工必须有焊接考试合格证，有相应焊接材料与焊接工位的资格证明。

② 拼装前应对拼装场地做好安全设施、防火设施。拼装前应对拼装胎位进行检测，防止胎位移动和变形。拼装胎位应留出恰当的焊接变形余量，防止拼装杆件变形，角度变形。

③ 拼装前杆件尺寸、坡口角度以及焊缝间隙应符合规定。

④ 熟悉图纸，编制好拼装工艺，做好技术交底。

⑤ 拼装前，对拼装用的高强螺栓应逐个进行硬度试验，达到标准值才能进行拼装。

3) 作业准备。

① 螺栓球加工时的机具、夹具调整，角度的确定，机具的准备。

② 焊接球加工时，加热炉的准备，焊接球压床的调整，工具、夹具的准备。

③ 焊接球半圆胎架的制作与安装。

④ 焊接设备的选择与焊接参数的设定，采用自动焊时，自动焊设备的安装与调试，氧-乙炔设备的安装。

⑤ 拼装用高强度螺栓在拼装前应逐条加以保护，防止小拼时飞溅影响到螺纹。

⑥ 焊条或焊剂进行烘烤与保温，焊材保温烘烤应有专门烤箱。

4) 钢网架小拼单元一般是指焊接球网架的拼装。螺栓球网架在杆件拼装、支座拼装之后即可以安装，不进行小拼单元。

12.3.2 钢网架安装施工质量通病及防治

1. 钢网架材料质量不合格

（1）质量通病现象

钢网架材料质量不合格。

（2）预防、治理措施

1) 钢网架使用的钢材、连接材料、高强度螺栓、焊条等材料应符合设计要求，并应有出厂合格证明。

2) 螺栓球、空心焊接球、加肋焊接球、锥头、套筒、封板、网架杆件、焊接钢板节点等半成品，应符合设计要求及相应的国家标准规定。

① 制造钢结构网架用的螺栓球的钢材，必须符合设计规定及相应材料的技术条件和标准。对铸造的螺栓球应着重检查：

a. 螺栓球要求无裂纹和无过烧，并除去氧化皮及各种隐患。

b. 成品球必须对最大的螺孔进行抗拉强度检验。螺栓球的质量要求以及检验方法应符合表 12-7 和图 12-3 的规定。

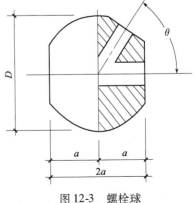

图 12-3 螺栓球

螺栓球的允许偏差及检验方法 表 12-7

项次	项目		允许偏差 (mm)	检 验 方 法
1	球毛坯直径	$d \leqslant 120$	+2.0 -1.0	用卡尺和游标卡尺检查
		$d > 120$	3.0 -1.5	
2	球的圆度	$d \leqslant 120$	1.5	
		$d > 120$	2.5	
3	铣平面距球中心距离		±0.20	用游标卡尺检查
4	同一轴线上两铣平面平行度	$d \leqslant 120$	0.20	用百分表、V 形块检查
		$d > 120$	0.30	
5	相邻两螺栓孔中心线间夹角		±30′	用分度头检查
6	两铣平面与螺栓孔轴线垂直度		$0.005r$	用百分表检查

注：r 为铣平面半径。

② 拼装用高强度螺栓的钢材必须符合设计要求及相应的技术标准。钢网架结构用高强度螺栓必须采用现行国家标准《钢结构用高强度大六角头螺栓》GB/T 1228 规定的性能等级 8.8S 或 10.9S，并应按相应等级要求来检查。检查高强度螺栓出厂合格证、试验报告及复验报告，并符合以下规定：

a. 螺纹及螺纹公差应符合有关规范的规定。
b. 高强度螺栓不允许存在任何淬火裂纹。
c. 高强度螺栓表面要进行发黑处理。
d. 高强度螺栓抗拉极限承载力应符合表 12-8 的规定。

高强度螺栓抗拉极限承载力 表 12-8

公称直径 d (mm)	公称应力截面积 A_s (mm²)	抗拉极限承载力 (kN)	
		10.9S	8.8S
12	84	84~95	68~83
14	115	115~129	93~113
16	157	157~176	127~154
18	192	192~216	156~189
20	245	245~275	198~241
22	303	303~41	245~298
24	353	353~397	286~347
27	459	459~516	372~452
30	561	561~631	454~552
33	694	694~780	562~663
36	817	817~918	662~804

续表

公称直径 d (mm)	公称应力截面积 A_s (mm²)	抗拉极限承载力 (kN)	
		10.9S	8.8S
39	976	976~1097	791~960
42	1121	1121~1260	908~1103
45	1306	1306~1468	1058~1285
48	1473	1473~1656	1193~1450
52	1758	1758~1976	1424~1730
56	2030	2030~2282	1644~1998
60	2362	2362~2655	1913~2324

e. 网架拼装前还应对每根高强度螺栓进行表面硬度试验，严禁有裂纹和损伤，允许偏差和检验方法应符合表 12-9 的规定。

高强度螺栓的允许偏差及检验方法　　　　表 12-9

项次	项 目		允许偏差 (mm)	检 验 方 法
1	螺纹长度		$+2t$ 0	用钢尺、游标卡尺检查
2	螺栓长度		$+2t$ $-0.8t$	
3	键槽	槽深	±0.2	
4		直线度	<0.2	
5		位置度	<0.5	

注：t 为螺距。

③ 焊接空心球。连接各杆件（见图 12-4）；焊接空心球的分类（见图 12-5、图 12-6）。

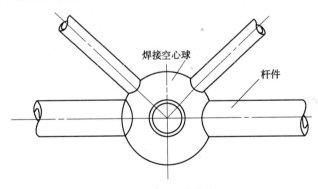

图 12-4　焊接球节点

a. 加肋焊接空心球的肋板加于两个半球的拼接环形缝平面处，用于提高焊接空心球的承载能力和刚度。

b. 杆件。网架结构主要受力部件，可在工厂加工，也可在施工现场加工。

c. 拼装用焊接球应符合表 12-10 的规定。

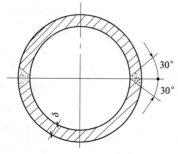
图 12-5 不加肋焊接空心球

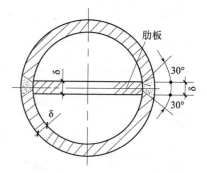
图 12-6 加肋焊接空心球

焊接球的允许偏差及检验方法　　　　　表 12-10

项次	项　目	允许偏差（mm）	检　验　方　法
1	球焊缝高度与球外表面平齐	±1.5	用焊缝量规，沿焊缝周长等分取 8 个点检查
2	球直径 $D \leqslant 300$mm	±1.5	用卡钳及游标卡尺检查，每个球量测各向三个数值
3	球直径 $D > 300$mm	±2.5	
4	球的圆度 $D \leqslant 300$mm	≤1.5	用卡钳及游标卡尺检查，每个球测三对，每对互成成 90°，以三对直径差的平均值计
5	球的圆度 $D > 300$mm	≤2.5	
6	两个半球对口错边量	≤1.0	用套模及游标卡尺检查，每球取最大错边处一点

④ 钢网架拼装用杆件的钢材品种、规格、质量，必须符合设计规定及相应的技术标准。钢管杆件与封板、锥头的连接，必须符合设计要求，焊缝质量标准必须符合现行国家标准《钢结构工程施工质量验收规范》GB 50205 的规定。

钢网架拼装用杆件的质量要求如下：

a. 钢管初始弯曲必须小于 $L/1000$。

b. 钢管与封板或锥头组装成杆件时，钢管两端对接焊缝应根据图纸要求的焊缝质量等级，选择相应焊接材料进行施焊，并应采取保证对接焊全熔透的焊接工艺。

c. 焊工应经过考试并取得合格证后方可施焊，如停焊半年以上应重新考核。

d. 施焊前应复查焊区坡口情况，确认符合要求后方能施焊，焊接完成后应清除飞溅物，并打上焊工代号的钢印。

e. 钢管杆件与封板或锥头的焊缝应进行强度检验，其承载能力应满足设计规定的质量要求及检验方法，见表 12-11 的规定及参见图 12-7。

杆件允许偏差及检验方法　　　　　表 12-11

项次	项　目	允许偏差（mm）	检　验　方　法
1	角钢杆件制作长度	±2	用钢尺检查
2	焊接球网架钢管杆件制作长度	±1	用钢尺及百分表检查
3	螺栓球网架钢管杆件成品长度	±1	
4	杆件轴线不平直度	$L/1000$ 且 $\not> 5$	用百分表、V 形块检查
5	封板或锥头与钢管轴线垂直度	$0.005r$	

注：L 为杆件长度，r 为封板或锥头底半径。

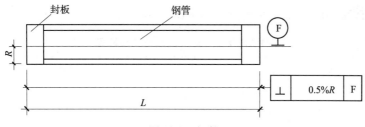

图 12-7 杆件

⑤ 不加肋焊接空心球产品代号和规格，见表 12-12

不加肋焊接空心球产品代号和规格表　　　　表 12-12

序号	产品代号	规格尺寸（mm×mm）	试验配合钢管直径（mm）	抗拉极限承载力（kN） Q345	抗拉极限承载力（kN） Q235A	抗压极限承载力（kN）
1	WS1604	$D160 \times 4$	$\phi 60$	212	145	148
2	WS1606	$D160 \times 6$	$\phi 60$	318	217	216
3	WS1804	$D180 \times 4$	$\phi 63.5$	224	153	156
4	WS1806	$D180 \times 6$	$\phi 63.5$	336	230	228
5	WS2006	$D200 \times 6$	$\phi 76$	403	275	273
6	WS2008	$D200 \times 8$	$\phi 76$	537	366	355
7	WS2206	$D220 \times 6$	$\phi 89$	471	322	319
8	WS2208	$D220 \times 8$	$\phi 89$	629	429	412
9	WS2406	$D240 \times 6$	$\phi 102$	540	369	363
10	WS2408	$D240 \times 8$	$\phi 102$	720	492	470
11	WS2410	$D240 \times 10$	$\phi 102$	900	615	568
12	WS2606	$D260 \times 6$	$\phi 114$	604	412	405
13	WS2608	$D260 \times 8$	$\phi 114$	805	550	523
14	WS2610	$D260 \times 10$	$\phi 114$	1006	687	632
15	WS2808	$D280 \times 8$	$\phi 133$	939	641	603
16	WS2810	$D280 \times 10$	$\phi 133$	1174	801	727
17	WS2812	$D280 \times 12$	$\phi 133$	1409	962	839
18	WS3010	$D300 \times 10$	$\phi 140$	1236	844	767
19	WS3012	$D300 \times 12$	$\phi 140$	1483	1012	887
20	WS3512	$D350 \times 12$	$\phi 146$	1547	1056	948
21	WS3514	$D350 \times 14$	$\phi 146$	1805	1232	1069
22	WS4014	$D400 \times 14$	$\phi 152$	1879	1282	1136
23	WS4016	$D400 \times 16$	$\phi 152$	2147	1465	1259
24	WS4018	$D400 \times 18$	$\phi 152$	2415	1649	1371
25	WS4518	$D450 \times 18$	$\phi 152$	2415	1649	1416
26	WS4520	$D450 \times 20$	$\phi 152$	2684	1832	1529
27	WS5020	$D500 \times 20$	$\phi 152$	2684	1832	1574
28	WS5025	$D500 \times 25$	$\phi 152$	3355	2290	1842

⑥ 加肋焊接空心球产品代号和规格，见表12-13。

加肋焊接空心球产品代号和规格表　　　　　　表12-13

序号	产品代号	规格尺寸 （mm×mm）	试验配合 钢管直径 （mm）	抗拉极限承载力（kN）		抗压极限 承载力 （kN）
				Q345	Q235A	
1	WSR3008	D300×8	φ140	1088	742	891
2	WSR3010	D300×10	φ140	1360	928	1074
3	WSR3012	D300×12	φ140	1631	1114	1242
4	WSR3510	D350×10	φ146	1418	968	1142
5	WSR3512	D350×12	φ146	1701	1161	1327
6	WSR3514	D350×14	φ146	1985	1355	1496
7	WSR4012	D400×12	φ152	1771	1209	1406
8	WSR4014	D400×14	φ152	2067	1410	1591
9	WSR4016	D400×16	φ152	2362	1612	1762
10	WSR4018	D400×18	φ152	2657	1813	1920
11	WSR4514	D450×14	φ159	2162	1475	1689
12	WSR4516	D450×16	φ159	2470	1686	1876
13	WSR4518	D450×18	φ159	2779	1897	2050
14	WSR4520	D450×20	φ159	3088	2108	2210
15	WSR4522	D450×22	φ159	3397	2319	2356
16	WSR5016	D500×16	φ168	2610	1782	2005
17	WSR5018	D500×18	φ168	2937	2004	2194
18	WSR5020	D500×20	φ168	3263	2227	2370
19	WSR5022	D500×22	φ168	3589	2450	2532
20	WSR5025	D500×25	φ168	4079	2784	2749

2. 高空散装法支架整体沉降量过大

（1）质量通病现象

高空散装法支架整体沉降量过大导致标高偏低，挠度偏差大。

（2）预防、治理措施

1）支架既是网架拼装成型的承力架，又是操作平台支架。所以，支架搭设位置必须对准网架下弦节点。支架一般用扣件和钢管搭设。它应具有整体稳定性和在荷载作用下有足够的刚度；应将支架本身的弹性压缩、接头变形、地基沉降等引起的总沉降值控制在5mm以下。因此，为了调整沉降值和卸荷方便，可在网架下弦节点与支架之间设置调整标高用的千斤顶。

拼装支架必须牢固，设计时应对单肢稳定、整体稳定进行验算，并估算沉降量。其中单肢稳定验算可按一般钢结构设计方法进行。

2）支架的整体沉降量包括钢管接头的空隙压缩、钢管的弹性压缩、地基的沉陷等。如果地基情况不良，要采取夯实加固等措施，并且要用木板铺地以分散支柱传来的集中荷载。高空散装法对支架的沉降要求较高（不得超过5mm），应给予足够的重视。大型网架施工，必要时可进行试压，以取得所需的资料。

拼装支架不宜用竹或木制材料，因为这些材料容易变形且易燃，故当网架用焊接连接时禁止使用。

3.吊装后不校正

（1）质量通病现象

吊装后没有校正就固定。

（2）预防、治理措施

1）吊装顺序一般从跨端一侧向另一侧进行。多跨厂房先吊主跨，后吊辅助跨；先吊高跨，后吊低跨。当有多台起重机时，亦可采取多跨（区）齐头并进的方法安装。跨间吊装通常采用综合吊装法，即先吊装各列柱子及其柱间支撑，再吊吊车梁、制动梁（或桁架）及托梁（或托架），随吊随调整，然后再一个节间一个节间地依次吊装屋架、天窗架及其间水平和垂直支撑和屋面板等构件，随吊随调整固定，如此逐段逐节间进行，直至全部厂房结构安装完成。墙架、梯子、走台、拉杆和其他零星构件，可以与屋架屋面板等构件的安装平行作业。

2）钢柱的绑扎和吊装与钢筋混凝土柱基本相同。采用单机旋转式滑行法起吊和就位。对重型钢柱可采用双机递送抬吊或三机抬吊、一机递送的方法吊装；对于很高和细长的钢柱，可采取分节吊装的方法，在下节柱及柱间支撑安装并校正后，再安装上节柱。

3）钢柱柱脚固定方法一般有两种形式：一种是基础上预埋螺栓固定，底部设钢垫板找平，如图12-8（a）所示；另一种是插入杯口灌浆固定方式，如图12-8（b）所示。前者当钢柱吊至基础上部插锚固螺栓固定；后者灌浆，多用于一般厂房钢柱的固定；后者当钢柱插入杯口后，支承在钢垫板上找平，最后固定方法同钢筋混凝土柱，用于大、中型厂房钢柱的固定。

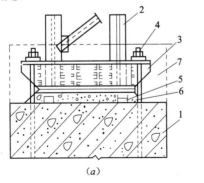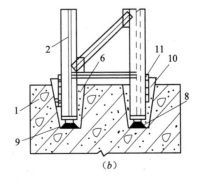

图12-8 钢柱柱脚形式和安装固定方法

(a)用预埋地脚螺栓固定；(b)用杯口二次灌浆固定
1—柱基础；2—钢柱；3—钢柱脚；4—地脚螺栓；5—钢垫板；
6—二次灌浆细石混凝土；7—柱脚外包混凝土；8—砂浆局部粗找平；
9—焊于柱脚上的小钢套墩；10—钢楔；11—35mm厚硬木垫板

4）钢柱起吊后，当柱脚距地脚螺栓或杯口约 30～40cm 时扶正，使柱脚的安装螺栓孔对准螺栓或柱脚对准杯口，缓慢落钩、就位，经过初校，待垂直偏差在 20mm 以内，拧紧螺栓或打紧木楔临时固定，即可脱钩。

5）钢柱的垂直度用经纬仪或吊线坠检验，当有偏差，采用液压千斤顶进行校正，如图 12-9 所示，底部空隙用垫铁垫塞，或在柱脚和基础之间打入钢楔子抬高，以增减垫板；位移校正可用千斤顶顶正；标高校正用千斤顶将底座少许抬高，然后增减垫板厚度使达到设计要求。柱脚校正后立即紧固地脚螺栓，并将承重钢垫板上下点焊固定，防止走动，当吊车梁、托架、屋架等结构安装完毕，并经总体校正检查无误后，在结构节点固定之前，再在钢柱脚底板下浇筑细石混凝土固定。对杯口式柱脚在柱校正后即二次灌浆固定，方法同钢筋混凝土柱杯口灌浆。

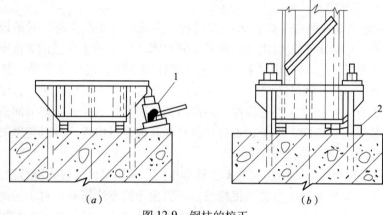

图 12-9 钢柱的校正
（a）用千斤顶校正；（b）用钢楔校正
1—小型液压千斤顶；2—钢楔及垫铁

13 压型金属板工程质量控制

13.1 一般规定

（1）压型金属板的成形过程，实际上也是对基板加工性能的再次评定，必须在成形后，用肉眼和10倍放大镜检查。

（2）压型金属板主要用于建筑物的维护结构，兼具结构功能与建筑功能于一体，尤其对于表面有涂层时，涂层的完整与否直接影响压型金属板的使用寿命。

（3）泛水板、包角板等配件，大多数处于建筑物边角部位，比较显眼，其良好的造型将加强建筑物立面效果，检查其折弯面宽度和折弯角度是保证建筑物外观质量的重要指标。

（4）压型金属板的制作和安装工程可按变形缝、楼层、施工段或屋面、墙面、楼面等划分为一个或若干个检验批。

（5）压型金属板安装应在钢结构安装工程检验批质量合格后进行。

13.2 压型金属板工程质量控制与验收

13.2.1 主控项目检验

压型金属板工程主控项目检验见表13-1所示。

主控项目检验　　　　　　　　　　　　　　　　　表13-1

序号	项目	合格质量标准	检验方法	检查数量
1	压型金属板制作	压型金属板成形后，其基板不应有裂纹	观察和用10倍放大镜检查	按计件数抽查5%，且不应少于10件
2	压型金属板制作	有涂层、镀层压型金属板成型后，涂、镀层不应有肉眼可见的裂纹、剥落和擦痕等缺陷	观察检查	按计件数抽查5%，且不应少于10件
3	压型金属板安装	压型金属板、泛水板和包角板等应固定可靠、牢固，防腐涂料涂刷和密封材料敷设应完好，连接件数量、间距应符合设计要求和国家现行有关标准规定	观察检查及尺量	全数检查
4	压型金属板安装	压型金属板应在支承构件上可靠搭接，搭接长度应符合设计要求，且不应小于表13-2所规定的数值	观察和用钢尺检查	按搭接部位总长度抽查10%，且不应少于10m
5	压型金属板安装	组合楼板中压型钢板与主体结构（梁）的锚固支承长度应符合设计要求，且不应小于50mm，端部锚固件应连接可靠，设置位置应符合设计要求	观察和用钢尺检查	沿连接纵向长度抽查10%，且不应少于10m

147

压型金属板在支承构件上的搭接长度（mm）　　　　　　　表 13-2

项　　　目		搭　接　长　度
截面高度>70		375
截面高度≤70	屋面坡度<1/10	250
	屋面坡度≥1/10	200
墙面		120

13.2.2 一般项目检验

压型金属板工程一般项目检验见表 13-3。

一般项目检验　　　　　　　　　　　　表 13-3

序号	项　　目	合格质量标准	检验方法	检查数量
1	压型金属板的尺寸精度	压型金属板的尺寸允许偏差应符合表 13-4 的规定	用拉线和钢尺检查	按计件数抽查5%，且不应少于 10 件
2	压型金属板的表面	压型金属板成型后，表面应干净，不应有明显凹凸和皱褶	观察检查	按计件数抽查5%，且不应少于 10 件
3	压型金属板现场制作精度	压型金属板施工现场制作的允许偏差应符合表 13-5 的规定	用钢尺、角尺检查	按计件数抽查5%，且不应少于 10 件
4	压型金属板安装	压型金属板安装应平整、顺直，板面不应有施工残留物和污物。檐口和墙面下端应呈直线，不应有未经处理的错钻孔洞	观察检查	按面积抽查 10%，且不应少于 10m²
5	压型金属板安装精度	压型金属板安装的允许偏差应符合表 13-6 的规定	用拉线、吊线和钢尺检查	檐口与屋脊的平行度：按长度抽查 10%，且不应少于 10m。其他项目：每 20m 长度应抽查 1 处，不应少于 2 处

压型金属板的尺寸允许偏差（mm）　　　　　　　表 13-4

项　　　目			允　许　偏　差
波　距			±2.0
波　高	压型钢板	截面高度≤70	±1.5
		截面高度>70	±2.0
侧向弯曲	在测量长度 l_1 范围内		20.0

注：l_1 为测量长度，指板长扣除两端各 0.5m 后的实际长度（小于 10m）或扣除后任选的 10m 长度。

压型金属板施工现场制作的允许偏差（mm）　　　　表 13-5

项	目	允 许 偏 差
压型金属板的覆盖宽度	截面高度≤70	+10.0，-0.2
	截面高度>70	+6.0，-2.0
板 长		±9.0
横向剪切偏差		6.0
泛水板、包角板尺寸	板 长	±6.0
	折弯曲宽度	±3.0
	折弯曲夹角	2°

压型金属板安装的允许偏差（mm）　　　　表 13-6

项	目	允 许 偏 差
屋面	檐口与屋脊的平行度	12.0
	压型金属板波纹线对屋脊的垂直度	$L/800$，且不应大于 25.0
	檐口相邻两块压型金属板端部错位	6.0
	压型金属板卷边板件最大波浪高	4.0
墙面	墙板波纹线的垂直度	$H/800$，且不应大于 25.0
	墙板包角板的垂直度	$H/800$，且不应大于 25.0
	相邻两块压型金属板的下端错位	6.0

注：1. L 为屋面半坡或单坡长度；2. H 为墙面高度。

13.3　压型金属板工程常见质量问题的预防与处理

13.3.1　压型钢板规格性能不符合要求

1. 质量通病现象

压型钢板规格、性能不满足要求。

2. 预防、治理措施

检查产品的质量合格证明文件、中文标志及检验标志等，不合格的不能使用。

13.3.2　压型金属板选用不合理

1. 质量通病现象

选用的压型金属板不合理。

2. 预防、治理措施

（1）在用作建筑物的围护板材及屋面与楼面的承重板材时，镀锌压型钢板宜用于无侵蚀和弱侵蚀环境；彩色涂层压型钢板可用于无侵蚀、弱侵蚀及中等侵蚀环境，并应根据侵蚀条件选用相应的涂层系列。

（2）当有保温隔热要求时，可采用压型钢板内加设矿棉等轻质保温层的做法，形成保温隔热屋（墙）面。

压型钢板的屋面坡度可在 1/20～1/6 间选用，当屋面排水面积较大或地处大雨量区及板型为中波板时，宜选用 1/12～1/10 的坡度；当选用长尺高波板时，可采用 1/20～1/15 的屋面坡度；当为扣压式或咬合式压型板（无穿透板面紧固件）时，可用在 1/20 的屋面坡度；对暴雨或大雨量地区的压型板屋面应进行排水验算。

一般永久性大型建筑选用的屋面承重压型钢板宽度与基板宽度（一般为 1000mm）之比为覆盖系数，应用时在满足承载力及刚度的条件下宜尽量选用覆盖系数大的板型。

（3）由于彩色涂层钢板的用途和使用环境条件不同，影响其使用寿命的因素比较多，根据使用功能，彩色涂层钢板的使用寿命可分为以下几种：

1）装饰性使用寿命。指彩钢板表面表现主观褪色、粉化、龟裂、涂层局部脱落等缺陷。对建筑物的形象和美观造成影响，但尚未达到涂层大片失去保护作用的程度。

2）涂层翻修的使用寿命。指彩钢板表面出现大部分脱层、锈斑等缺陷，造成基板进一步腐蚀的使用时间。

3）极限使用寿命。指彩钢板不经翻修长期使用，直到出现严重的腐蚀，已不能再使用的时间。

从我国目前常用的彩板种类和正常使用环境角度，建筑用彩色涂层钢板的使用寿命大体上可为：装饰性使用寿命：8～12 年；翻修使用寿命：12～20 年；极限使用寿命：20 年以上。

13.3.3 压型钢板制作时几何尺寸偏差过大

1. 质量通病现象

压型钢板制作时几何尺寸偏差过大。

2. 预防、治理措施

压型钢板的成形过程，实际上是对基板加工性能的检验。压型金属板成形后，除用肉眼和放大镜检查基板和涂层的裂纹情况外，还应对压型钢板的主要外形尺寸，如波高、波距及侧向弯曲等进行测量检查。检查方法如图 13-1、图 13-2 所示。

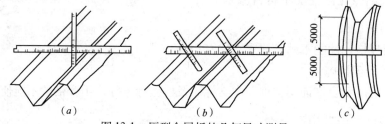

图 13-1 压型金属板的几何尺寸测量
（a）测量波高；（b）测量波距；（c）测量侧向弯曲

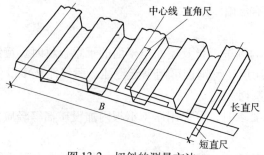

图 13-2 切斜的测量方法

14 钢结构涂装工程质量控制

钢结构构件在使用中,经常与环境中的介质接触,由于环境介质的作用,钢材中的铁与介质产生化学反应,导致钢材被腐蚀,亦称为锈蚀。钢材受腐蚀的原因很多,可根据其与环境介质的作用分为化学腐蚀和电化学腐蚀两大类。

为了防止钢构件的腐蚀以及由此而造成的经济损失,采用涂料保护是目前我国防止钢结构构件腐蚀的最主要的手段之一。涂装防护是利用涂料的涂层使被涂物与环境隔离,从而达到防腐蚀的目的,延长被涂物件的使用寿命。

14.1 一般规定

14.1.1 涂装施工准备工作一般规定

(1) 涂装之前应除去钢材表面的污垢、油脂、铁锈、氧化皮、焊渣或已失效的旧漆膜,还包括除锈后钢材表面所形成的合适的"粗糙度"。钢结构表面处理的除锈方法主要有喷射或抛射除锈、动力工具除锈、手工工具除锈、酸洗(化学)除锈和火焰除锈。

(2) 在使用前,必须将桶内油漆和沉淀物全部搅拌均匀后才可使用。

(3) 双组分的涂料,在使用前必须严格按照说明书所规定的比例混合。一旦配比混合后,就必须在规定的时间内用完。

(4) 施工时应对选用的稀释剂品牌号及使用稀释剂的最大用量进行控制,否则会造成涂料报废或性能下降,影响质量。

14.1.2 施工环境条件的一般规定

(1) 涂装工作尽可能在车间内进行,并应保持环境清洁和干燥,以防止已处理的涂料表面和已涂装好的任何表面被灰尘、水滴、油脂、焊接飞溅或其他脏物粘附在其上面而影响质量。

(2) 涂装时的环境温度和相对湿度应符合涂料产品说明书的要求,当说明书无要求时,环境温度宜在 5~38℃ 之间,相对湿度不应大于 85%。

(3) 涂后 4h 内严防雨淋。当风力超过 5 级时,不宜喷涂。

14.1.3 涂装施工的一般规定

(1) 涂装方法一般有浸涂、手刷、滚刷和喷涂等。在涂刷过程中的顺序应自上而下,从左到右,先里后外,先难后易,纵横交错地进行涂刷。

(2) 对于边、角、焊缝、切痕等部位,在喷涂之前应先涂刷一道,然后再进行大面积涂装,以保证凸出部位的漆膜厚度。

(3) 喷(抛)射磨料进行表面处理后,一般应在 4~6h 内涂第一道底漆。涂装前钢材表面不允许再有锈蚀，否则应重新除锈后方可涂装。

（4）构件需焊接部位应留出规定宽度暂不涂装。

（5）涂装前构件表面处理情况和涂装工作每一个工序完成后，都需检查，并做好工作记录。内容包括：涂件周围工作环境、相对湿度、表面清洁度、各层涂刷（喷）遍数、涂料种类、配料和湿干膜厚度等。

（6）损伤涂膜应根据损伤情况砂、磨、铲后重新按层涂刷，仍按原工艺要求修补。

（7）包浇、埋入混凝土部位均可不做涂刷油漆。

14.2 钢结构涂装工程质量控制与验收

14.2.1 主控项目检验

钢结构涂装工程主控项目检验见表14-1。

主控项目检验　　　　表14-1

序号	项目	合格质量标准	检验方法	检查数量
1	防腐涂料涂装前表面处理	涂装前钢材表面除锈应符合设计要求和国家现行有关标准和规定。处理后的钢材表面不应有焊渣、焊疤、灰尘、油污、水和毛刺等。当设计无要求时，钢材表面除锈等级应符合表14-2的规定	用铲刀检查和用现行国家标志《涂装前钢材表面锈蚀等级和除锈等级》GB8923规定的图片对照观察检查	按构件数量抽查10%，且同类构件不应少于3件
2	防腐涂料涂装厚度	漆料、涂装遍数、涂层厚度均应符合设计要求。当设计对涂层厚度无要求时，涂层干漆膜总厚度：室外应为15μm，室内应为125μm，其允许偏差-25μm，每遍涂层干漆膜厚度的允许偏差-5μm	用干漆膜测厚仪检查。每个构件检测5处，每处的数值为3个相距50mm测点涂层干漆膜厚度的平均值	按构件数抽查10%，且同类构件不应少于3件
3	防火漆料涂装前表面处理	防火漆料涂装前钢材表面除锈及防锈底漆涂装应符合设计要求和国家现行有关标准的规定	表面除锈用铲刀检查和用现行国家标准《涂装前钢材表面锈蚀等级和除锈等级》GB8923规定的图片对照观察检查。底漆涂装用干漆膜测厚仪检查，每个构件检测5处，每处的数值为3个相距50mm测点涂层干漆膜厚度的平均值	按构件数抽查10%，且同类构件不应少于3件
4	防火漆料的粘结强度、抗压强度	钢结构防火漆料的粘结强度、抗压强度应符合国家现行标准《钢结构防火漆料应用技术规程》CECS24：90规定。检验方法应符合现行国家标准《建筑构件防火喷涂材料性能试验方法》GB 9978的规定	检查复检报告	每使用100t或不足100t薄涂型防火涂料应抽检一次粘结强度；每使用500t或不足500t厚涂型防火涂料应抽检一次粘结强度和抗压强度

续表

序号	项目	合格质量标准	检验方法	检查数量
5	薄涂型防火涂料的涂层厚度	薄涂型防火涂料的涂层厚度应符合有关耐火极限的设计要求。厚漆型防火涂料涂层的厚度，80%及以上面积应符合有关耐火极限的设计要求，且最薄处厚度不应低于设计要求的85%	用涂层厚度测量仪、测针和钢尺检查。测量方法应符合国家现行标准《钢结构防火涂料应用技术规程》CECS24：90的规定	按同类构件数抽查10%，且均不应少于3件
6	表面裂纹宽度	薄涂型防火漆料漆层表面裂纹宽度不应大于0.5mm；厚涂型防火漆料涂层表面裂宽度不应大于1mm	观察和用尺量检查	按同类构件数量抽查10%，且均不应少于3件

各种底漆或防锈漆要求最低的除锈等级　　　　表14-2

涂料品种	除锈等级
油性酚醛、醇酸等底漆或防锈漆	St2
高氯化聚乙烯、氯化橡胶、氯磺化聚乙烯、环氧树脂、聚氨酯等底漆或防锈漆	Sa2
无机富锌、有机硅、过氯乙烯等底漆	$Sa2\frac{1}{2}$

14.2.2 一般项目检验

钢结构涂装工程一般项目检验见表14-3。

一般项目检验　　　　表14-3

序号	项目	合格质量标准	检验方法	检查数量
1	构件表面	构件表面不应误涂、漏涂，涂层不应脱皮和返锈。涂层应均匀、无明显皱皮、流坠、针眼和气泡等	观察检查	全数检查
2	涂层附着力处理	当钢结构处在有腐蚀介质环境或外露且设计有要求时，应进行涂层附着力测试，在检测处范围内，当涂层完整程度达到70%以上时，涂层附着力达到合格质量标准的要求	按照现行国家标准《漆膜附着力测定法》GB 1720或《色漆和清漆、漆膜的划格试验》GB 9286执行	按构件数抽查1%，且不应少于3件，每件测3处
3	构件标志	涂装完成后，构件的标志、标记和编号应清晰完整	观察检查	全数检查
4	防火漆料漆装基层	防火漆料漆装基层不应有油污、灰尘和泥砂等污垢	观察检查	全数检查
5	防火漆料外观	防火漆料不应有误涂、漏涂，涂层应闭合无脱层、空鼓、明显凹陷、粉化松散和浮浆等外观缺陷，乳突已剔除	观察检查	全数检查

14.3 钢结构涂装工程常见质量问题的预防与处理

14.3.1 钢结构防腐涂料涂装施工质量通病及防治

1. 涂装前钢构件没有除锈或者除锈质量不好

（1）质量通病现象

涂装前钢构件没有除锈或者除锈质量不好。

（2）预防、治理措施

1）人工除锈。金属结构表面的铁锈，可用钢丝刷、钢丝布或粗砂布擦拭，直到露出金属本色，再用棉纱擦净。

2）喷砂除锈。在金属结构量很大的情况下，可选用喷砂除锈。它能去掉铁锈、氧化皮、旧有的油层等杂物。经过喷砂的金属结构，表面变得粗糙又很均匀，对增加油漆的附着力，保证漆层质量有很大的好处。

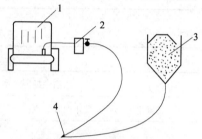

图 14-1　喷砂流程示意图
1—压缩机；2—油水分离器；
3—砂斗；4—喷枪

喷砂就是用压缩空气把石英砂通过喷嘴，喷射在金属结构表面，靠砂子有力的撞击风管的表面，去掉铁锈、氧化皮等杂物。在工地上使用的喷砂工具较为简单，如图 14-1 所示。

喷砂所用的压缩空气不能含有水分和油脂，所以在空气压缩机的出口处，装设油水分离器。压缩空气的压力一般在 0.35~0.4MPa。

喷砂所用的砂粒，应是坚硬有棱角，粘径要求为 1.5~2.5mm，除经过筛除去泥土杂质外，还应经过干燥。

喷砂时，应顺气流方向；喷嘴与金属表面一般成 70°~80°夹角；喷嘴与金属表面的距离一般在 100~150mm 之间。喷砂除锈要对金属表面无遗漏地进行。经过喷砂的表面，要达到一致的灰白色。

喷砂处理的优点是质量好，效率高，操作简单。但是产生的灰尘太大，施工时应设置简易的通风装置，操作人员应戴防护面罩或风镜和口罩。

经过喷砂处理后的金属结构表面，可用压缩空气进行清扫，然后再用汽油或甲苯等有机溶剂清洗。待金属结构干燥后，就可进行刷涂操作。

3）化学除锈。化学除锈方法，即把金属构件浸入 15%~20% 的稀盐酸或稀硫酸溶液中浸泡 10~20min，然后用清水洗干净。

如果金属表面锈蚀较轻，可用"三合一"溶液同时进行除油、除锈和钝化处理，"三合一"溶液配方为：草酸 150g，硫脲 10g，平平加 10g，水 1000g。

经"三合一"溶液处理后的金属构件应用热水洗涤 2~3min，再用热风吹干，立即进行喷涂。

4）对镀锌、镀铝、涂防火涂料的钢材表面的预处理应符合以下规定：

① 外露构件需热浸锌和热喷锌、铝的，除锈质量等级为 Sa2.5~Sa3 级，表面粗糙度

应达 30~35um。

② 对热浸锌构件允许用酸洗除锈，酸洗后必须经 3~4 道水洗，将残留酸完全清洗干净，干燥后方可浸锌。

③ 要求喷涂防火涂料的钢结构件除锈，可按设计要求进行。

5）钢材表面在喷射除锈后，随着粗糙度的增大，表面积也显著增加，在这样的表面上进行涂装，漆膜与金属表面之间的分子引力也会相应增加，使漆膜与钢材表面间的附着力相应的提高。

以棱角磨料进行的喷射除锈，不仅增加了钢材的表面积，而且还能形成三维状态的几何形状，使漆膜与钢材表面产生机械的咬合作用，更进一步提高了漆膜的附着力和防腐蚀性能，并延长了保护寿命。

钢材表面合适的粗糙度有利于漆膜保护性能的提高。粗糙度太大，如漆膜用量一定时，则会造成漆膜厚度分布的不均匀，特别是在波峰处的漆膜厚度往往低于设计要求，引起早期的锈蚀；另外，还常常在较深的波谷凹坑内截留住气泡，将成为漆膜起泡的根源；粗糙度太小，不利于附着力的提高。所以，为了解保漆膜的保护性能，对钢材的表面粗糙度有所限制。对于普通涂料而言，合适的粗糙度范围以 30~75um 为宜，最大粗糙度值不宜超过 100um。

表面粗糙度的大小取决于磨料粒度的大小、形状、材料和喷射的速度、作用时间等工艺参数，其中以磨料粒度的大小对粗糙度影响较大。所以，在钢材表面处理时必须对不同的材质，不同的表面处理要求，制定合适的工艺参数，并加以质量控制。

2. 涂装涂料的选择不合理

（1）质量通病现象

涂装涂料的选择不合理。

（2）预防、治理措施

1）涂料品种繁多，对品种的选择是决定涂装工程质量好坏的因素之一。一般选择应考虑以下方面因素：

① 使用场合和环境是否有化学腐蚀作用的气体，是否为潮湿环境。

② 是打底用，还是罩面用。

③ 选择涂料时应考虑在施工过程中涂料的稳定性、毒性及所需的温度条件。

④ 按工程质量要求、技术条件、耐久性、经济效果、非临时性工程等因素，选择适当的涂料品种。不应将优质品种降格使用，也不应勉强使用达不到性能指标的品种。

2）施工环境应通风良好、清洁和干燥，室内施工环境温度应在 0℃ 以上，室外施工时环境温度为 5~38℃ 之间，相对湿度不大于 85%。雨天或钢结构表面结露时，不宜作业。冬季应在采暖条件下进行，室温必须保持均衡。

钢结构制作或安装的完成、校正及交接验收合格。

注意与土建工程配合，特别是与装饰、涂料工程要编制交叉计划及措施。

3）涂料选定后，通常要进行以下处理，然后才能施涂。

① 开桶：开桶前应将桶外的灰尘、杂物除尽，以免其混入涂料桶内。同时对涂料的名称、型号和颜色进行检查，是否与设计规定或选用要求相符合，检查制造日期，是否超过储存期，凡不符合的应另行研究处理。若发现有结皮现象，应将漆皮全部取出，以免影

响涂装质量。

② 搅拌：将桶内的涂料和沉淀物全部搅拌均匀后才可使用。

③ 配料：对于双组分的涂料使用前必须严格按照说明书所规定的比例来混合。双组分涂料一旦配比混合后，就必须在规定的时间内用完。

④ 熟化：双组分涂料混合搅拌均匀后，需要过一定熟化时间才能使用，对此应引起注意，以保证涂膜的性能。

⑤ 稀释：有的涂料因储存条件、施工方法、作业环境、气温的高低等不同情况的影响，在使用时，有时需用稀释剂来调整黏度。

⑥ 过滤：过滤是将涂料中可能产生的或混入的固体颗粒、漆皮或其他杂物滤掉，以免这些杂物堵塞喷嘴及影响涂膜的性能及外观。通常可以使用80～120目的金属网或尼龙丝筛进行过滤，以达到质量控制的目的。

3. 涂层厚度不合理

（1）质量通病现象

涂层厚度不合理。

（2）预防、治理措施

1）涂层厚度的确定，应考虑钢材表面原始状况，钢材除锈后的表面粗糙度，选用的涂料品种，钢结构使用环境对涂料的腐蚀程度，预想的维护周期和涂装维护的条件。

涂层厚度应根据需要来确定，过厚虽然可增强防腐力，但附着力和机械性能都要降低；过薄易产生肉眼看不到的针孔和其他缺陷，起不到隔离环境的作用。钢结构涂装涂层厚度，可参考表14-4确定。

钢结构涂装涂层厚度（μm） 表14-4

涂料种类	基本涂层和防护涂层					附加涂层
	城镇大气	工业大气	化工大气	海洋大气	高温大气	
醇酸漆	100～150	125～175				25～50
沥青漆			150～210	180～240		30～60
环氧漆			150～200	75～225	150～200	25～50
过氯乙烯漆			160～200			20～40
丙烯酸漆		100～140	120～160	140～180		20～40
聚氨酯漆		100～140	120～160	140～180		20～40
氯化橡胶漆		120～160	140～180	160～200		20～40
氯磺化聚乙烯漆		120～160	140～180	160～200	120～160	20～40
有机硅漆					100～140	20～40

2）涂层的配套性。

① 由于底漆、中间漆和面漆的性能不同，在整个涂层中的作用也不同。底漆主要起附着和防锈的作用，面漆主要起防腐蚀作用，中间漆的作用介于两者之间。所以底漆、中间漆和面漆都不能单独使用，要发挥最好的作用和获得最好的效果必须配套

使用。

② 由于各种涂料的溶剂不相同，选用各层涂料时，如配套不当，就容易发生互溶或"咬底"的现象。

③ 面漆的硬度应与底漆基本一致或略低些。

④ 注意各层烘干方式的配套，在涂装烘干型涂料时，底漆的烘干温度（或耐温性）应高于或接近面漆的烘干温度，反之，易产生涂层过烘干现象。

4. 涂料施工漏掉步骤

（1）质量通病现象

涂膜质量不过关。

（2）预防、治理措施

1）涂料的涂膜作用是将金属表面和周围介质隔开，起保护金属不受腐蚀的作用。油膜应该连续无孔，无漏涂、起泡、露底等现象。因此，涂料的稠度既不能过大，也不能过小，稠度过大不但浪费涂料，还会产生脱落、卷皮等现象；稠度过小会产生漏涂、起泡、露底等现象。

2）在涂刷第二层防锈底涂时，第一道防锈底涂必须彻底干燥；否则会产生涂层脱落。

3）注意涂料流挂。在垂直表面上涂刷，部分涂料在重力作用下产生流挂现象。其原因是涂料的黏度大、涂层厚、涂刷的毛头长而软，涂刷不开，或是掺入干性的稀释剂。此外，喷涂料施工不当也会造成流挂。

消除方法：除了选择适当厚度的涂料和干性较快的稀释剂外，在操作时做到少蘸油、勤蘸油、刷均匀、多检查、多理顺。涂刷应选得硬一点。喷涂时，喷枪嘴直径不宜过大，喷枪距物面不能过近，压力大小要均匀。

4）注意涂料皱纹。涂膜干燥后表面出现不平滑，收缩成皱纹。其原因是涂膜刷得过厚或刷油不匀；干性快和干性慢的涂料掺合使用或是催干剂加得过多，产生外层干、里层湿；有时涂料后在烈日下曝晒或骤热骤冷以及底漆未干透，也会造成皱皮。

5）注意涂料发粘。涂料超过一定的干燥期限而仍然有粘指现象。其原因是底层处理不当，物体上沾有油质、松脂、蜡、酸、碱、盐、肥皂等残迹。此外，底涂未干透便涂面漆（树脂漆例外）或加入过多的催干剂和不干性油，物面过潮、气温太低或不通气等都会影响漆膜的干结时间；有时涂料贮藏过久也会发粘。

消除方法：按上述产生发粘原因纠正。

6）注意涂料粗糙。涂膜干后用手摸似有痱子颗粒感觉。其原因是由于施工时尘灰沾在涂面上，涂料中有污物、涂皮等未经过滤；涂刷上有残料的颗粒和砂子，喷漆时工具不洁或是喷枪距物面太远、气压过大等都会使涂膜粗糙。

消除方法：搞好环境和使用工具的清洁，漆料要经过滤，改善喷涂施工方法。

7）注意涂料脱皮。涂膜干后发生局部脱皮，甚至整张揭皮现象。其原因是涂料质量低劣；涂料内含松香成分太多或稀释过薄使油分减少；物面沾有油质、蜡质、水汽等或底层未干透（如墙面）就涂面涂；物面太光滑（如玻璃，塑料）没有进行粗糙处理等也会造成脱皮。

消除方法：除针对上述原因进行处理外，金属制品最好进行磷化处理。

8）注意涂料露底。经涂刷后透露底层颜色。其原因是涂料的颜料用量不足，遮盖力不好，或掺入过量的稀释剂；此外涂料有沉淀未经搅拌就使用。

消除方法：应选择遮盖力较好的涂料，在使用前涂料要经充分搅拌，一般不要掺加稀释剂。

9）注意涂料出现气泡、针孔。涂膜上出现圆形小圈，状如针刺的小孔。一般是以清漆或颜料含量比较低的磁漆，用浸渍、喷涂或滚涂法施工时容易出现。主要原因是有空气泡存在，颜料的湿润性不佳，或者是涂膜的厚度太薄，所用稀释料不佳，含有水分，挥发不平衡；喷涂方法不善。此外，烘漆初期结膜时受高温烘烤，溶剂急剧回旋挥发，涂膜本身及补足空档而形成小穴出现针孔。

消除方法：针对上述不同的原因采取相应的处理办法。喷涂时要注意施工方法和选择适当的溶剂来调整挥发速度，烘涂时要注意烘烤温度，工件进入烘箱不能太早，沥青漆不能用汽油稀释。

10）涂膜质量的好坏，与涂漆前的准备工作和施工方法等有关。涂料品种多，使用的方法也不完全一样，使用时有的需按比例混合，有的需加入固化剂等。因此，使用涂料的组成、性能等必须符合设计要求，并且要注意涂料不能乱混合，不能把不同型号的产品混在一起。即使用同一型号的产品，但是属不同厂家生产的，也不宜彼此互混。

色漆在使用时应搅拌均匀。因为任何色漆在存放中，颜料和粉质颜料多少都有些沉淀，如有碎皮或其他杂物，必须清除后方可使用。色漆不搅匀，不仅使涂漆工件颜色不一，而且影响遮盖力和漆膜的性能。根据选用的涂漆方法的具体要求，加入与涂料配套的稀释剂，调配到合适的施工浓度。已调配好的涂料，应在其容器上写明名称、用途、颜色等，以防拿错。涂料开桶后，需密封保存，且不宜久存。

涂漆施工的环境要求随所用涂料不同而有差异。一般要求施工环境温度不低于5℃，空气相对湿度不大于85%。由于温度过低会使涂料黏度增大，涂刷不易均匀，涂膜不易干燥；空气相对湿度过大，易使水汽包在涂层内部，涂膜容易剥落。故不应在雨、雾、雪天进行室外施工。在室内施工应尽量避免与其他工种同时作业，以免灰尘落在漆膜表面影响质量。

涂料施工时，应先进行试涂。每涂覆一道，应进行检查，发现不符合质量要求的（如漏涂、剥落、起泡、透锈等缺陷），应用砂纸打磨，然后补涂。

明装系统的最后一道面漆，宜在安装后喷涂，这样可保证外表美观，颜色一致，无碰撞、脱漆、损坏等现象。

漆膜外观要求：应使漆膜均匀，不得有堆积、漏涂、皱皮、气泡、掺杂及混色等缺陷。

14.3.2 钢结构防火涂料涂装施工质量通病及防治

1. 防火涂料要求不过关
（1）质量通病现象
防火涂料质量要求不过关。
（2）预防、治理措施
1）钢结构防火涂料分为薄涂型和厚涂型两类，选用时应遵照以下原则：

对室内裸露钢结构、轻型屋盖钢结构及有装饰要求的钢结构,当规定其耐火极限在1.5h以下时,应选用薄涂型钢结构防火材料。室内隐蔽钢结构、高层钢结构及多层厂房钢结构,当其规定耐火极限在1.5h以上时,应选用厚涂型钢结构防火涂料。

当防火涂料分为底层和面层涂料时,两层涂料应相互匹配。且底层不得腐蚀钢结构,不得与防锈底漆产生化学反应;面层若为装饰涂料,选用涂料应通过试验验证。

2)钢结构防火涂料的生产厂家、检验机构、涂装施工单位均应具有相应资质,并通过公安消防部门的认证。

3)钢结构表面的杂物应清除干净,其连接处的缝隙应用防火涂料或其他防火材料填补堵平后,方可施工。

4)防火涂料施工应在室内装修之前和不被后续工程所损坏的条件下进行。施工时,对不需作防火保护的部位应进行遮蔽保护,刚施工的涂层,应防止脏液污染和机械撞击。

5)施工过程中和涂层干燥固化前,环境温度宜保持在 5~38℃,相对湿度不宜大于90%,空气应流通。当风速大于5m/s,或雨天和构件表面有结露时,不宜作业。

6)防火涂料中的底层和面层涂料应相互配套,底层涂料不得腐蚀钢材。

7)底涂层喷涂前应检查钢结构表面除锈是否满足要求,尘土杂物是否已清除干净。底涂层一般喷2~3遍,每遍厚度控制2.5mm以内,视天气情况,每隔8~24h喷涂一次,必须在前一遍基本干燥后喷涂。喷涂时,喷嘴应与钢材表面保持垂直,喷口至钢材表面距离以保持在40~60cm为宜。喷涂时操作人员要随身携带测厚计检查涂层厚度,直到达到设计规定厚度方可停止喷涂。若设计要求涂层表面平整光滑时,待喷完最后一遍后应用抹灰刀将表面抹平。

8)对于重大工程,应进行防火涂料的抽样检验。每使用100t薄型钢结构防火涂料,应抽样检查一次粘结强度,每使用500t厚涂型防火涂料,应抽样检测一次粘结强度和抗压强度。

9)薄涂型面涂层施工时,底涂层厚度要符合设计要求,并基本干燥后,方可进行面涂层施工;面涂层一般涂1~2次,颜色应符合设计要求,并应全部覆盖底层,颜色均匀、轮廓清晰、搭接平整;涂层表面有浮浆或裂纹的宽度不应大于0.5mm。

10)厚涂型防火涂料宜采用压送式喷涂机喷涂,空气压力为0.4~0.6MPa,喷枪口直径宜为6~10mm。厚涂型涂料配料时应严格按配合比加料或加稀释剂,并使稠度适当。当班使用的涂料应当班配制。

11)厚涂型涂料施工时应分遍喷涂,每遍喷涂厚度宜为5~10mm,必须在前一遍基本干燥或固化后,再喷涂第二遍;喷涂保护方式、喷涂遍数与涂层厚度应根据施工工艺要求确定。操作者应用测厚仪随时检测涂层厚度,80%及以上面积的涂层总厚度应符合有关耐火极限的设计要求,且最薄处厚度不应低于设计要求的85%。厚涂型涂料喷涂后的涂层,应剔除乳突,表面应均匀平整。

12)厚涂型防火涂层出现涂层干燥固化不好,粘结不牢或粉化、空鼓、脱落;钢结构的接头、转角处的涂层有明显凹陷;涂层表面有浮浆或裂缝宽度大于1.0mm等情况之一时,应铲除涂层重新喷涂。

2. 防火涂料涂装不规范
（1）质量通病现象
防火涂料涂装不规范。
（2）预防、治理措施
1）防火涂料配料、搅拌。粉状涂料应随用随配，搅拌时先将涂料倒入混合机加水拌合 2min 后，再加胶粘剂及钢防胶充分搅拌 5~8min，使稠度达到可喷程度。
2）喷涂。
① 正式喷涂前，应试喷一建筑层（段），经消防部门、质监站核验合格后，再大面积作业。
② 喷涂时喷枪要垂直于被喷钢构件，距离 6~10cm 为宜，喷涂气压应保持 0.4~0.6MPa，喷完后进行自检，厚度不够的部分再补喷一次。
③ 施工环境温度低于 5℃ 时不得施工，应采取外围封闭，加温措施，施工前后 48h 保持 5℃ 以上为宜。
3）涂装施工要点。
① 涂漆前应对基层进行彻底清理，并保持干燥，在不超过 8h 内，尽快涂头道底漆。
② 涂刷底漆时，应根据面积大小选用适宜的涂刷方法。不论采用喷涂法还是手工涂刷法，其涂刷顺序均为：先上后下、先难后易、先左后右、先内后外。保持厚度均匀一致，做到不漏涂、不流坠为好。待第一遍底漆充分干燥后（干燥时间一般不少于 48h），用砂布、水砂纸打磨后，除去表面浮漆粉再刷第二遍底漆。
③ 涂刷面漆时，应按设计要求的颜色和品种的规定来进行涂刷，涂刷方法与底漆涂刷方法相同。对于前一遍漆面上留有的砂粒、漆皮等，应用铲刀刮去。对于前一遍漆表面过分光滑或干燥后停留时间过长（如两遍漆之间超过 7d），为了防止离层应将漆面打磨清理后再涂漆。
④ 应正确配套使用稀释剂。当油漆黏度过大需用稀释剂稀释时，应正确控制用量，以防掺用过多，导致涂料内固体含量下降，使得漆膜厚度和密实性不足，影响涂层质量。同时应注意稀释剂与油漆之间的配套问题，油基漆、酚醛漆、长油度醇酸磁漆、防锈漆等用松香水（即 200 号溶剂汽油）、松节油；中油度醇酸漆用松香水与二甲苯 1:1 的混合溶剂；短油度醇酸漆用二甲苯调配；过氯乙烯采用溶剂性强的甲苯、丙酮来调配。如果错用就会发生沉淀离析、咬底或渗色等病害。

3. 涂装工程忽略安全管理
（1）质量通病现象
涂装工程安全措施不到位。
（2）预防、治理措施
涂料的溶剂和稀释剂都属易燃品，具有很强的易燃性。这些物品在涂装施工过程中形成漆雾和有机溶剂蒸气，达到一定浓度时，易发生火灾和爆炸。
常用溶剂爆炸界限，见表 14-5。

常用溶剂的爆炸界限 表 14-5

名称	爆炸下限		爆炸上限	
	%（容量）	g/m^3	%（容量）	g/m^3
苯	1.5	48.7	9.5	308
甲苯	1.0	38.2	7.0	264
二甲苯	3.0	130.0	7.6	330
松节油	0.8		44.5	
漆用汽油	1.4		6.0	
甲醇	3.5	46.5	36.5	478
乙醇	2.6	49.5	18.0	338
正丁醇	1.68	51.0	10.2	309
丙酮	2.5	60.5	9.0	218
环己酮	1.1	44.0	9.0	
乙醚	1.85		36.5	
醋酸乙酯	2.18	80.4	11.4	410
醋酸丁酯	1.70	80.6	15.0	712

15 钢结构工程施工质量问题的分析与处理

15.1 钢结构工程施工质量问题的分析

钢结构是由钢材组成的一种承重结构。它的完成通常要经过设计、加工、制作和安装等阶段。由于技术和人为的原因，钢结构施工质量问题在所难免，其类型及原因如下：

15.1.1 钢材的先天性缺陷

钢材的种类繁多，但在建筑钢结构中，常用的有两类钢材，即低碳钢和低合金钢。例如Q235、16Mn、15MnV等。钢材的种类不同，缺陷自然也不同。钢材的质量主要取决于冶炼、浇铸和轧制过程中的质量控制。常见的先天性缺陷如下：

（1）化学成分缺陷。化学成分对钢材的性能有重要影响。从有害影响的角度来讲，化学成分将产生一种先天性缺陷。

（2）冶炼及轧制缺陷。

15.1.2 钢构件的加工制作缺陷

钢结构的加工制作主要是钢构件（柱、梁、支撑）的制作。钢结构制作的基本元件大多系热轧型材和板材。完整的钢结构产品，需要通过将基本元件使用机械设备和成熟的工艺方法，进行各种操作处理，达到规定产品的预定要求目标。现代化的钢结构厂应具有进行剪、冲、切、折、割、钻、铆、焊、喷、压、滚、弯、刨、铣、磨、锯、涂、抛、热处理、无损检测等加工能力的设备，并辅以各种专用胎具、模具、夹具、吊具等工艺设备。由此可见，钢结构的加工制作过程将由一系列的工序而组成，每一工序都有可能产生缺陷。

仔细分析工艺，归纳起来，钢结构加工制作可能出现的缺陷如下：

（1）选材不合格；
（2）原材料矫正引起冷作硬化；
（3）放样、号料尺寸超公差；
（4）切割边未加工或达不到要求；
（5）孔径误差；
（6）冲孔未作加工，存在硬化区和微裂纹；
（7）构件冷加工引起钢材硬化和微裂纹；
（8）构件热加工引起的残余应力；
（9）表面清洗防锈不合格；
（10）钢构件外型尺寸超公差。

15.1.3 钢结构的连接缺陷

钢结构的连接方法通常有铆接、栓接和焊接三种。目前大部分为栓、焊混合连接为主。一般工厂制作以焊接居多，现场制作以螺栓连接居多或者部分相互交叉使用。

(1) 铆接缺陷

铆接是将一端带有预制钉头的铆钉，经加热后插入连接构件的钉孔中，再用铆钉枪将另一端打铆成钉头，以使连接达到紧固。铆接有热铆和冷铆两种方法。铆接传力可靠，塑性、韧性均较好，在 20 世纪上半叶以前曾是钢结构的主要连接方法。由于铆接是现场热作业，目前只在桥梁结构和吊车梁构件中偶尔使用。

铆接工艺带来的缺陷归纳如下：

1) 铆钉本身不合格；
2) 铆钉孔引起构件截面削弱；
3) 铆钉松动，铆合质量差；
4) 铆合温度过高，引起局部钢材硬化；
5) 板件之间紧密度不够。

(2) 栓接缺陷

栓接包括普通螺栓连接和高强螺栓连接两大类。

普通螺栓一般为六角头螺栓，材质为 Q235，性能等级为 4.6 级（4.6S），根据产品质量和加工要求分为 A、B、C 三级。其中 A 级为精制螺栓，B 级为半精制螺栓。精制螺栓和半精制螺栓采用 I 类孔，孔径比螺栓杆径大 0.3~0.5mm。C 级为粗制螺栓，一般采用 II 类孔，孔径比螺栓杆径大 1.0~1.5mm。普通螺栓由于紧固力小，且栓杆与孔间空隙较大（主要指粗制螺栓），故受剪性能差，但受拉连接性能好，且装卸方便，故通常应用于安装连接和需拆装的结构。

高强螺栓是继铆接连接之后发展起来的一种新型钢结构连接形式，它已成为当今钢结构连接的主要手段之一。高强螺栓常用性能等级为 8.8 级和 10.9 级。8.8 级采用的是 45 号和 35 号或 40B；10.9 级采用的钢号为合金钢 20MnTiB、40B、35VB。高强螺栓通常包括摩擦型和承压型两种，而以前者应用最多。摩擦型高强螺栓的孔径比螺栓公称直径大 1.0~1.5mm。高强螺栓连接具有安装简便、迅速、能装能拆和受力性能好、安全可靠等优点，深受用户欢迎。

螺栓连接给钢结构带来的主要缺陷有：

1) 螺栓孔引起构件截面削弱；
2) 普通螺栓连接在长期动载作用下的螺栓松动；
3) 高强螺栓连接预应力松弛引起的滑移变形；
4) 螺栓及附件钢材质量不合格；
5) 孔径及孔位偏差；
6) 摩擦面处理达不到设计要求，尤其是摩擦系数达不到要求。

(3) 焊接缺陷

焊接是钢结构连接最重要的手段。焊接方法种类很多，按焊接的自动化程度一般分为手工焊接、半自动焊接及自动化焊接。焊接连接的优点是不削弱截面、节省材料、构造简单、连接方便、连接刚度大、密闭性好，尤其是可以保证等强连接或刚性连接。

焊接也可能带来以下缺陷：

1）焊接材料不合格。手工焊采用的是焊条，自动焊采用的是焊丝和焊剂。

实际工程中通常容易出现三个问题：一是焊接材料本身质量有问题；二是焊接材料与母材不匹配；三是不注意焊接材料的烘焙工作。

2）焊接引起焊缝热影响区母材的塑性和韧性降低，使钢材硬化、变脆和开裂。

3）因焊接产生较大的焊接残余变形。

4）因焊接产生严重的残余应力或应力集中。

5）焊缝存在的各种缺陷。如裂纹、焊瘤、边缘未熔合、未焊透、咬肉、夹渣和气孔等等。

15.1.4 钢结构缺陷的处理和预防

综上所述，钢结构的缺陷有先天性的材质缺陷和后天性设计、加工制作、安装和使用缺陷。无论我们的工作怎样精益求精，缺陷也是在所难免的。但缺陷有大小之分，当缺陷超过了有关规范的要求时，缺陷将对钢结构的各项性能构成有害影响，成为事故的潜在隐患，因此必须对缺陷进行处理和预防。总的原则如下：

（1）钢结构的先天性材质缺陷应由冶金部门处理，从炼钢工艺上得到根本性解决。

（2）钢结构的加工制作、安装及使用的缺陷处理与预防应从下列几方面入手：

1）钢结构设计人员应重视钢结构的节点构造设计。合理的节点构造将会大大降低应力集中、残余应力、残余变形等缺陷的影响程度。

2）钢结构制造厂应重视加工制作各个环节工艺的合理性和设备的先进性，尽量减少手工作业，力求全自动化，并加强质量的监控和检验工作。

3）钢结构施工单位应重视安装工序的合理性、人员的高素质以及现场质检工作，尤其是临时支撑和安全措施不可忽视。

4）钢结构的使用单位应重视定期维护工作，保证必要的耐久性。

15.2 钢结构工程质量事故的分析与处理

15.2.1 钢结构材料事故的分析与处理

钢结构所用材料主要包括钢材和连接材料两大类。钢材常用种类为 Q235、16Mn、15MnV；连接材料有铆钉、螺栓和焊接材料。材料本身性能的好坏直接影响到钢结构的可靠性，当材料的缺陷累积或严重到一定程度将会导致钢结构事故的发生。

1. 材料事故的类型及产生原因

钢结构材料事故是指由于材料本身的原因引发的事故。材料事故可概括为两大类：裂缝事故和倒塌事故。裂缝事故主要出现在钢结构基本构件中；倒塌事故则指因材质原因引起的结构局部倒塌和整体倒塌。

钢结构材料事故的发生原因如下：

（1）钢材质量不合格；

（2）铆钉质量不合格；

（3）螺栓质量不合格；

（4）焊接材料质量不合格；

（5）设计时选材不合理；

（6）制作时工艺参数不合理，钢材与焊接材料不匹配；

（7）安装时管理混乱，导致材料混用或随意替代。

2. 材料事故的处理方法

材料事故最常见的是构件裂缝，而且裂缝纯属材料本身不合格所引起。下面介绍其处理方法：

（1）认真复检钢材及连接材料的各项指标，以确认事故原因。

1）钢材应符合《碳素结构钢》GB/T 700 和《低合金高强度结构钢》GB/T 1591 中的相关规定；

2）焊接材料应符合《碳钢焊条》GB/T 5117、《低合金钢焊条》GB/T 5118 等相关标准规定。

3）螺栓材料应符合《紧固件机械性能》GB 3098、《钢结构用高强度大六角螺栓、大六角螺母、垫圈型式尺寸与技术条件》和《钢结构用扭剪型高强度螺栓连接型式尺寸及技术条件》等有关规定。

（2）如果构件裂缝的确是材料本身的原因，通常应采用"加固或更换构件"的处理方法。

（3）如果结构不重要，构件的裂纹细小时，也可参见下列处理方法：

1）用电钻在裂缝两端各钻一直径约 12~16mm 的圆孔（直径大致与钢板厚度相等），裂缝末端必须落入孔中，减少裂缝处应力集中。

2）沿裂缝边缘用气割或风铲加工成 K 形坡口。

3）裂缝端部及焊缝侧金属预热到 150~200℃，用焊条堵焊裂缝，堵焊后用砂轮打磨平整为佳。

4）对于铆钉连接附近的构件裂缝，可采用在其端部钻孔后，用高强螺栓封住。

（4）构件钢板夹层缺陷的处理。

钢板夹层是钢材最常见的缺陷之一，往往在构件加工前不易发现，当发现时已成半成品或成品，或者已用于结构投入使用。下面分几类构件介绍钢板夹层处理方法。

1）桁架节点板夹层处理。对于屋盖结构承受静载或间接动载的桁架节点板，当夹层深度小于节点板高度的 1/3 时，应将夹层表面铲成 V 形坡口，焊合处理；当允许在角钢和节点板上钻孔时，也可用高强螺栓拧合；当夹层深度等于或大于节点板 1/3 高度时，应将节点板拆换处理。

2）实腹梁、柱翼缘板夹层处理。当承受静载的实腹梁和实腹柱翼缘有夹层存在时，可按下述方法处理。

① 在一半长度内，板夹层总长度（连续或间断）不超过 20mm，夹层深度不超过翼缘板断面高度 1/5）且不大于 100mm 时，可不作处理仍可使用。

② 当夹层总长度超过 200mm，而夹层深度不超过翼缘断面高度 1/5，可将夹层表面铲成 V 形坡口予以焊合。

③ 当夹层深度未超过翼缘断面高度 1/2 时，可在夹层处钻孔，用高强螺栓拧合，此时应验算钻孔所削弱的截面；当夹层深度超过翼缘断面高度 1/2 时，应将夹层的一边翼缘板全部切除，另换新板。

（5）焊缝裂纹处理。

对于焊缝裂纹，原则上要刨掉重焊（用碳弧气刨或风铲），但对承受静载的实腹梁翼缘和腹板处的焊缝裂纹，可采用在裂纹两端钻上止裂孔，并在两板之间加焊短斜板方法处理，斜板厚度应大于裂纹长度。

15.2.2 钢结构变形事故的分析与处理

钢结构具有强度高、塑性好的特点，尤其是冷弯薄壁型钢的应用和轻钢结构的迅速发展，致使目前的钢结构截面越来越小，板厚及壁厚越来越薄。在这种形势下，再加上原材料以及加工、制作、安装、使用过程中的缺陷和不合理的工艺等原因，钢结构的变形问题更加突出，因此对钢结构变形事故应引起足够的重视。

1. 变形事故的类型及产生原因

钢结构的变形可分为总体变形和局部变形两类。

总体变形是指整个结构的外形和尺寸发生变化，出现弯曲、畸变和扭曲等，如图 15-1 所示。

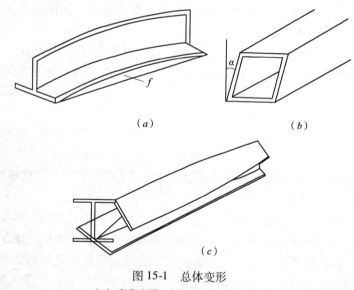

图 15-1　总体变形
(a) 弯曲变形；(b) 畸变；(c) 扭曲

局部变形是指结构构件在局部区域内出现变形。例如，构件凹凸变形、端面的角变位、板边褶皱波浪形变形等，如图 15-2 所示。

总体变形与局部变形在实际的工程结构中有可能单独出现，但更多的是组合出现。无论何种变形都会影响到结构的美观，降低构件的刚度和稳定性，给连接和组装带来困难，尤其是附加应力的产生，将严重降低构件的承载力，影响到整体结构的安全。

钢结构的形成过程为：材料—构件—结构。在形成的过程中变形原因概述如下：

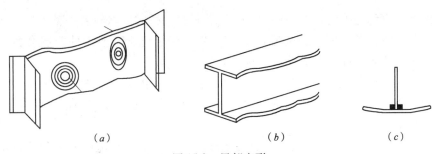

图 15-2 局部变形
(a) 凹凸变形；(b) 褶皱波浪变形；(c) 角变位

(1) 钢材的初始变形

钢结构所用的钢材常由钢厂以热轧钢板和热轧型钢供应。热轧钢板厚度为 4.5～60mm，薄钢板厚度为 0.35～4.0mm；热轧型钢包括角钢、槽钢、工字钢、H 型钢、钢管、C 型钢、Z 型钢，其中冷弯薄壁型钢厚度在 2～6.0mm。

钢材由于轧制及人为因素等原因，时常存在初始变形，尤其是冷弯薄壁型钢，因此在钢结构构件制作前必须认真检查材料，矫正变形，不允许超出钢材规定的变形范围。

(2) 加工制作中的变形

1) 冷加工产生的变形。剪切钢板产生变形，一般为弯扭变形，窄板和厚板变形大一点；刨削以后产生的弯曲变形，窄板和薄板变形大一点。

2) 制作、组装带来的变形。由于加工工艺不合理、组装场地不平整、组装方法不正确、支撑不当等原因，引起的变形有弯曲、扭曲和畸变。

3) 焊接变形。焊接过程中的局部加热和不均匀冷却使焊件在产生残余应力的同时还将伴生变形。焊接变形又称焊接残余变形。通常包括纵向和横向收缩变形、弯曲变形、角变形、波浪变形和扭曲变形等。焊接变形产生的主要原因是焊接工艺不合理、电焊参数选择不当和焊接遍数不当等。焊接变形应控制在制造允许误差限制以内。

(3) 运输及安装过程中产生的变形

运输中不小心、安装工序不合理、吊点位置不当、临时支撑不足、堆放场地不平，尤其是强迫安装，均会使结构构件变形明显。

(4) 使用过程中产生的变形

钢结构在使用过程中由于超载、碰撞及高温等原因都会导致变形。

2. 变形事故的处理方法

下面介绍的变形处理方法，对大部分变形是有效的，但对某些特殊变形可能矫正不完善。

(1) 冷加工法矫正变形

冷加工法是用人力或机械力矫正变形，适用于尺寸较小或变形较小的构件。

1) 手工矫正。采用大锤和平台为工具，适合于尺寸较小的零件的局部变形矫正，也可作为机械矫正和热矫正的辅助矫正方法。手工矫正是用锤击使金属延伸，达到矫正变形的目的，图 15-3 是几种手工矫正变形的方法。

图 15-3 (a) 所示薄板中部凸起，锤击方法：锤击时，从外向里应逐渐由重到轻，锤

击点由密到稀，直到边缘的材料与中间凸起部分材料一样时，材料就平整了；如果薄板表面有相邻处凸起时，锤击时，应先在凸起的交界处轻轻锤击，使各处凸起合并成一处凸起，然后再用上述方法锤击四周使薄板矫平。

图 15-3（b）所示薄板四周呈波浪状，锤击方法：锤击点应从中间四周呈波浪状向四周，按图中箭头方向，板料的矫正密度逐渐变稀，力量对比逐渐减小，经反复多次锤击，使板料达到平整。

图 15-3（c）所示薄板发生翘曲，锤击方法：锤击点沿没有翘曲的对角线锤击，使其延展而矫平。

图 15-3（d）所示厚板，锤击方法：由于厚板材料的刚性较好，不易产生波纹变形、翘曲变形，有时会产生凸起变形。矫正时可以直接锤击凸起处，使金属材料外层纤维压缩变形、内层纤维伸长而达到矫平。

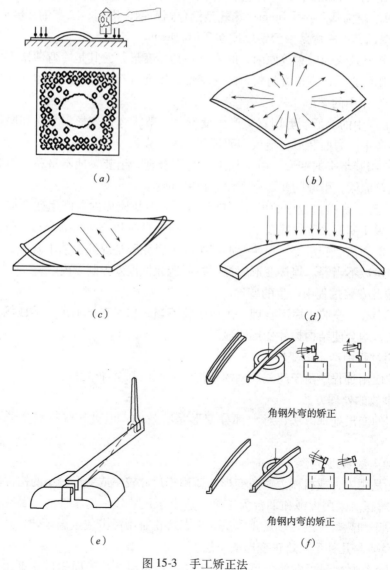

图 15-3　手工矫正法

图 15-3（e）所示角钢扭曲变形矫正方法。可将角钢的一端用虎钳夹持，再用扳手夹持另一端，并做反向扭转，待变形消除后，再用锤击进行修整矫平。

图 15-3（f）所示角钢内弯、外弯变形的矫正方法。角钢无论内弯还是外弯，都可将它的凸起处向上，放在合适的钢圈或砧铁上，再锤击凸起部位，使其向反方向变形而矫正。矫正角钢外弯曲，角钢应放在钢圈上，锤击时为了不使角钢翻转，锤柄稍微抬高或放低约为5°左右，并在锤击的一瞬间，除用力外，还稍带向内拉（锤柄后手抬高）或向外推的力（锤柄后手放低），具体视锤击者所站的位置而定。

2）机械矫正。采用简单弓架、千斤顶和各种机械来矫正变形。表 15-1 是几种机械矫正变形的方法及适用范围。

机械矫正变形方法及适用范围　　　　表 15-1

机　械　类　别		适　用　范　围
拉伸机矫正		薄板凹凸及翘曲矫正，型材扭曲矫正，管材、线材、带材矫直
压力机矫正		管材、型材、杆件的局部变形矫正
辊式机矫正	正辊	板材、管材矫正，角钢矫直
	斜辊	圆截面管材及棒材矫正
弓形矫正		型钢弯曲变形（不长）矫正
千斤顶矫正		杆件局部弯曲变形矫正

（2）热加工法矫正变形

热加工法我国目前采用乙炔气和氧气混合燃烧火焰为热源，对变形结构构件加热，使其产生新的变形，来抵消原有的变形。正确使用火焰和温度是其关键。加热方式有点状加热、线状加热（直线、曲线、环线、平行线和网线）和三角形加热之分。

热矫正方法要根据实际情况，首先，了解变形情况，分析变形原因，测量变形大小，做到心中有数；其次，确定矫正顺序，原则上是先整体变形矫正，后局部变形矫正，角变形往往先矫正，而凹凸变形又往往放在后矫正；其三，确定加热部位和方法，由几名工人同时加热效果较佳，有些变形单靠热矫正有困难，可以借助辅助工具外力来对适当部位进行拉、压、撑、顶、打等，加热位置应尽量避开关键部位，避免同一位置反复多次加热；最后，选定合适的火焰和加热温度。矫正后要对构件进行修整和检查。

15.2.3 钢结构脆性断裂事故的分析与处理

钢结构是由钢材组成的承重结构，虽然钢材是一种弹塑性材料，尤其是低碳钢表现出良好的塑性，但在一定的条件下，由于各种因素的复合影响，钢结构也会发生脆性断裂，而且往往在拉应力状态下发生。脆性断裂是指钢材或钢结构在低名义应力（低于钢材屈服强度或抗拉强度）情况下发生的突然断裂破坏。钢结构的脆性断裂通常具有以下特征：

① 破坏时的应力常小于钢材的屈服强度 f_y，有时仅为 f_y 的 0.2 倍。② 破坏之前没有显著变形，吸收能量很小，破坏突然发生，无事故先兆。③ 断口平齐光亮。

脆性破坏是钢结构极限状态中最危险的破坏形式。由于脆性断裂的突发性，往往会导致灾难性后果。因此，作为钢结构专业技术人员，应高度重视脆性破坏的严重性并加以防范。

1. 脆性断裂事故的类型及产生原因

虽然钢结构的塑性很好，但仍然会发生脆性断裂，这是由于各种不利因素的综合影响或作用的结果，主要原因可归纳为以下几方面：

（1）材质缺陷

当钢材中碳、硫、磷、氧、氮、氢等元素的含量过高时，将会严重降低其塑性和韧性，脆性则相应增大。通常，碳导致可焊性差；硫、氧导致"热脆"；磷、氮导致"冷脆"；氢导致"氢脆"。另外，钢材的冶金缺陷，如偏析、非金属夹杂、裂纹以及分层等也将大大降低钢材抗脆性断裂的能力。

（2）应力集中

钢结构由于孔洞、缺口、截面突变等缺陷不可避免，在荷载作用下，这些部位将产生局部高峰应力，而其余部位应力较低且分布不均匀的现象称为应力集中。我们通常把截面高峰应力与平均应力之比称为应力集中系数，以表明应力集中的严重程度。

当钢材在某一局部出现应力集中，则出现了同号的二维或三维应力场，使材料不易进入塑性状态，从而导致脆性破坏。应力集中越严重，钢材的塑性降低愈多，同时脆性断裂的危险性也愈大。

（3）使用环境

当钢结构受到较大的动载作用或者处于较低的环境温度下工作时，钢结构脆性破坏的可能性增大。

（4）钢板厚度

随着钢结构向大型化发展，尤其是高层钢结构的兴起，构件钢板的厚度大有增加的趋势。钢板厚度对脆性断裂有较大影响，通常钢板越厚，脆性破坏倾向愈大。"层状撕裂"问题应引起高度重视。

综上所述，材质缺陷、应力集中、使用环境以及钢板厚度是影响脆性断裂的主要因素。其中应力集中的影响尤为重要。在此值得一提的是，应力集中一般不影响钢结构的静力极限承载力，在设计时通常不考虑其影响。但在动载作用下，严重的应力集中加上材质缺陷、残余应力、冷却硬化、低温环境等往往是导致脆性断裂的根本原因。

2. 脆性断裂事故的处理方法

钢结构设计是以钢材的屈服强度 f_y 作为静力强度的设计依据，它避免不了结构的脆性断裂。随着现代钢结构的发展以及高强钢材的大量采用，防止其脆性断裂已显得十分重要。可以从以下几方面入手：

（1）合理选择钢材

钢材通常选用的原则是既保证结构安全可靠，同时又要经济合理，节约钢材。具体而言，应考虑到结构的重要性、荷载特征、连接方法以及工作环境，尤其是在低温下承受动载的重要的焊接结构，应选择韧性高的材料和焊条。另外，改进冶炼方法，提高钢材断裂韧性，也是减少脆断的有效途径。

（2）合理设计

合理的设计应该在考虑材料的断裂韧性水平、最低工作温度、荷载特征、应力集中等因素后，再选择合理的结构形式，尤其是合理的构造细节十分重要。设计时应力求使缺陷引起的应力集中减少到最低限度,尽量保证结构的几何连续性和刚度的连贯性。比如,把结构设计为超静定结构并采用多路径传力可减少脆性断裂的危险;接头或节点的承载力设计应比其相连的杆件增强 20%～50%;构件断面在满足强度和稳定的前提下应尽量宽而薄。切记:增加构件厚度将增加脆断的危机,尤其是设计焊接结构应避免重叠交叉和焊缝集中。

(3) 合理制作和安装

就钢结构制作而言,冷热加工易使钢材硬化变脆,焊接尤其易产生裂纹、类裂纹缺陷以及焊接残余应力。就安装而言,不合理的工艺容易造成装配残余应力及其他缺陷。因此,制定合理的制作安装工艺并以减少缺陷及残余应力为目标是十分重要的。

(4) 合理使用及维修措施

钢结构在使用时应力求满足设计规定的用途、荷载及环境,不得随意变更。此外,还应建立必要的维修措施,监视缺陷或损坏情况,以防患于未然。

15.2.4 钢结构疲劳破坏事故的分析与处理

金属结构的疲劳是工程界早已关注的问题。就金属结构而言,包括飞机、车辆等各类结构都在内的总体,大约 80%～90% 的破坏事故和疲劳有关。其中土建钢结构所占的比重虽然不大,但随着焊接结构的发展,焊接吊车梁的疲劳问题已十分普遍,受到了工程界人士的重视。目前,《钢结构设计规范》GB 50017—2003 中已建立了疲劳验算方法,此方法对防止疲劳破坏的发生有重要作用。

钢结构的疲劳破坏是指钢材或构件在反复交变荷载作用下在应力远低于抗拉极限强度甚至屈服点的情况下发生的一种破坏。就断裂力学的观点而言,疲劳破坏是从裂纹起始、扩展到最终断裂的过程。

疲劳破坏与静力强度破坏是截然不同的两个概念。它与塑性破坏、脆性破坏相比,具有以下特点:①疲劳破坏是钢结构在反复交变动载作用下的破坏形式,而塑性破坏和脆性破坏是钢结构在静载作用下的破坏形式。②疲劳破坏虽然具有脆性破坏特征,但不完全相同。疲劳破坏经历了裂缝起始、扩展和断裂的漫长过程,而脆性破坏往往是无任何先兆的情况下瞬间突然发生。③就疲劳破坏断口而言,一般分为疲劳区和瞬断区(图 15-4)。疲劳区记载了裂缝扩展和闭合的过程,颜色发暗,表面有较清楚的疲劳纹理,呈沙滩状或波纹状。瞬断区真实反映了当构件截面因裂缝扩展削弱到一临界尺寸时脆性断裂的特点,瞬断区晶粒粗亮。

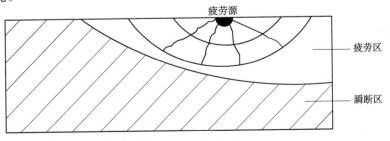

图 15-4 疲劳断口分区

1. 疲劳破坏事故的类型及产生原因

疲劳是一个十分复杂的过程,从微观到宏观,疲劳破坏受到众多因素的影响,尤其是对材料和构件静力强度影响很小的因素,对疲劳影响却非常显著,例如构件的表面缺陷、应力集中等。

(1) 应力幅 Δ_σ

应力幅 Δ_σ 为每次应力循环中最大拉应力(取正值)σ_{max} 与最小拉应力或压应力(拉应力取正值,压应力取负值)σ_{min} 之差值,即:

$$\Delta_\sigma = \sigma_{max} - \sigma_{min}$$

按照应力幅是常幅(所有应力循环内的应力幅保持常量,不随时间变化)或变幅(应力循环内的应力幅随时间随机变化),应力循环特征还可分为常幅循环应力谱和变幅循环应力谱。另外,除应力幅 Δ_σ 外,应力比 $\rho = \sigma_{min}/\sigma_{max}$ 也是标志应力谱特征的参量。

(2) 循环次数 N

应力循环次数是指在连续重复荷载作用下应力由最大到最小的循环次数。在不同应力幅作用下,各类构件和连接产生疲劳破坏的应力循环次数不同,应力幅愈大,循环次数愈少。当应力幅小于一定数值时,即使应力无限次循环,也不会产生疲劳破坏,即达到通称的疲劳极限。《钢结构设计规范》GB 50017—2003 参照有关标准的建议,将 $n = 5 \times 10^6$ 次被视为各类构件和连接疲劳极限对应的应力循环次数。

(3) 构造细节

应力集中对钢结构的疲劳性能影响显著,而构造细节是应力集中产生的根源。

构造细节常见的不利因素如下:

1) 钢材的内部缺陷,如偏析、夹渣、分层、裂纹等;
2) 制作过程中剪切、冲孔、切割;
3) 焊接结构中产生的残余应力;
4) 焊接缺陷的存在,如气孔、夹渣、咬肉、未焊透等;
5) 非焊接结构的孔洞、刻槽等;
6) 构件的截面突变;
7) 结构由于安装、温度应力、不均匀沉降等产生的附加应力集中。

针对构件细节对疲劳强度的影响,《钢结构设计规范》GB 50017—2003 中把构造和连接形式按应力集中的影响程度由低到高分为 8 类。第一类为基本无应力集中影响的无连接处的主体金属,第八类则为应力集中最严重的角焊缝。

2. 疲劳破坏事故的防范方法

由疲劳性能的三个影响因素来看,应力幅 Δ_σ 及循环次数 N 是客观存在的事实,因此,提高和改善疲劳性能的途径只有从减小应力集中入手。具体措施如下:

(1) 精心选材。对用于动载作用的钢结构或构件,应严格控制钢材的缺陷,并选择优质钢材。

(2) 精心设计。力求减少截面突变,避免焊缝集中,使钢结构构造做法合理化。

(3) 精心制作。使缺陷、残余应力等减小到最低程度。

(4) 精心施工。避免附加应力集中的影响。

(5) 精心使用。避免对结构的局部损害,如划痕、开孔、撞击等。

(6) 修补焊缝。目的是缓解缺陷产生的应力集中，方法如下：

1) 对于对接焊缝，磨去焊缝表面部分，如对接焊缝的余高。如果焊缝内部无显著缺陷，疲劳强度可以提高到和母材相同。

2) 对于角焊缝，应打磨焊趾。焊缝的趾部时常存在咬肉（咬边）等切口，且有焊渣侵入。因此，要得到较好的效果，必须像图 15-5 所示 B 缝那样，不仅磨去切口，还要将板磨去 0.5mm，以除去侵入的焊渣。这种做法虽然使钢板截面稍有削弱，但影响并不大。如果像图中 A 缝那样磨去部分焊缝，就得不到改善的效果。图 15-5 所示为横向角焊缝，对于纵向角焊缝，则可打磨它的端部，使截面变化趋于缓和，打磨后的表面不应有明显刻痕。

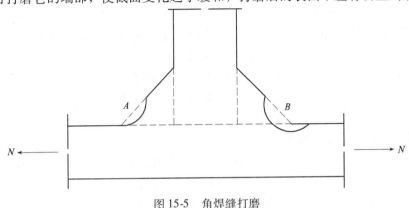

图 15-5　角焊缝打磨

3) 对于角焊缝的趾部，用气体保护钨弧重新熔化，可以起到消除切口的作用。此方法在不同应力幅的情况下疲劳寿命都能同样提高。

4) 在焊缝及附近金属表层采用喷射金属丸粒或锤击等方法引入残余压应力，是改善疲劳性能的一个有效方法。残余压应力和锤击造成的冷作硬化均会使疲劳强度提高，同时尖锐切口也被缓减。

总之，依靠精心的选材、设计、制作、安装和使用，再加上焊接之后的一些特殊工艺措施，可以达到提高和改善疲劳性能的作用。

15.2.5　钢结构失稳事故的分析与防范

失稳也称为屈曲，是指钢结构或构件丧失了整体稳定性或局部稳定性，属承载力极限状态的范围。由于钢结构强度高，用它制成的构件比较细长，截面相对较小，组成构件的板件宽而薄，因而在荷载作用下容易失稳成为钢结构最突出的一个特点。因此，在钢结构设计中稳定性比强度更为重要，它往往对承载力起控制作用。

材料组成构件，构件组成结构。就钢结构的基本构件而言，可分为轴心受力构件（轴拉、轴压）、受弯构件和偏心受力构件三大类。其中轴心受拉构件和偏心受拉构件不存在稳定问题，其余构件除强度、刚度外，稳定问题是重点问题。

钢结构具有塑性好的显著特点，当结构因抗拉强度不足而破坏时，破坏前有先兆，呈现出较大的变形。但当结构因受压稳定性不足而破坏时，可能失稳前变形很小，呈现出脆性破坏的特征，而且脆性破坏的突发性也使得失稳破坏更具危险性。因此，从事钢结构的工程技术人员对此应引起高度的重视。

1. 失稳事故的类型及产生原因

稳定问题是钢结构最突出的问题，长期以来，许多工程技术人员对强度概念认识清晰，对稳定概念认识淡薄，并且存在强度重于稳定的错误思想。因此，在大量的接连不断地钢结构失稳事故中付出了血的代价，得到了严重的教训。钢结构的失稳事故分为整体失稳事故和局部失稳事故两大类，其各自产生的原因如下。

（1）整体失稳事故原因分析

1）设计错误。设计错误主要与设计人员的水平有关。如，缺乏稳定概念；稳定验算公式错误；只验算基本构件的稳定，忽视整体结构的稳定验算；计算简图及支座约束与实际受力不符，设计安全储备过小等等。

2）制作缺陷。制作缺陷通常包括构件的初弯曲、初偏心、热轧冷加工以及焊接产生的残余变形等。这些缺陷将对钢结构的稳定承载力产生显著影响。

3）临时支撑不足。钢结构在安装过程中，当尚未完全形成整体结构之前，属几何可变体系，构件的稳定性很差。因此必须设置足够的临时支撑体系来维持安装过程中的整体稳定性。若临时支撑设置不合理或者数量不足，轻则会使部分构件丧失稳定，重则造成整个结构在施工过程中倒塌或倾覆。

4）使用不当。结构竣工投入使用后，使用不当或意外因素也是导致失稳事故的主因。例如，使用方随意改造使用功能；改变构件的受力状态；由积灰或增加悬吊设备引起的超载；基础的不均匀沉降和温度应力引起的附加变形；意外的冲击荷载等。

（2）局部失稳事故原因分析

局部失稳主要是针对构件而言，其失稳的后果虽然没有整体失稳严重，但对以下原因引起的失稳也应引起足够的重视。

1）设计错误。设计人员忽视甚至不进行构件的局部稳定验算，或者验收方法错误，致使组成构件的各类板件宽厚比和高厚比大于规范限值。

2）构造不当。通常在构件局部受集中力较大的部位，原则上应设置构造加劲肋。另外，为了保证构件在运转过程中不变形也须设置横隔、加劲肋等。但实际工程中，加劲肋数量不足、构造不当的现象比较普遍。

3）原始缺陷。原始缺陷包括钢材的负公差严重超规，制作过程中焊接等工艺产生的局部鼓曲和波浪形变形等。

4）吊点位置不合理。在吊装过程中，尤其是大型的钢结构构件，吊点位置的选定十分重要。吊点位置不同，构件受力的状态也不同。有时构件内部过大的压应力将会导致构件在吊装过程中局部失稳。因此，在钢结构设计中，针对重要构件应在图纸中说明起吊方法和吊点位置。

2. 失稳事故的防范

当钢结构发生整体失稳事故而倒塌后，整个结构已经报废，事故的处理已没有价值，只剩下责任的追究问题；但对于局部失稳事故可以采取加固或更换板件的做法。钢结构失稳事故应以防范为主，以下原则应该遵守。

（1）设计人员应强化稳定设计理念

防止钢结构失稳事故的发生，设计人员肩负着最重要的职责。强化稳定设计理念十分必要。

1) 结构的整体布置必须考虑整个体系及其组成部分的稳定性要求，尤其是支撑体系的布置。
2) 结构稳定计算方法的前提假定必须符合实际受力情况，尤其是支座约束的影响。
3) 构件的稳定计算与细部构造的稳定计算必须配合，尤其要有强节点的概念。
4) 强度问题通常采用一阶分析，而稳定问题原则上应采用二阶分析。
5) 叠加原理适用于强度问题，不适用于稳定问题。
6) 处理稳定问题应有整体观点，应考虑整体稳定和局部稳定的相关影响。

（2）制作单位应力求减少缺陷

在常见的众多缺陷中，初弯曲、初偏心、残余应力对稳定承载力影响最大，因此，制作单位应通过合理的工艺和质量控制措施将缺陷减低到最小程度。

（3）施工单位应确保安装过程中的安全

施工单位只有制定科学的施工组织设计，采用合理的吊装方案，精心布置临时支撑，才能防止钢结构安装过程中失稳，确保结构安全。

（4）使用单位应正常使用钢结构建筑物

一方面，使用单位要注意对已建钢结构的定期检查和维护；另一方面，当需要进行工艺流程和使用功能改造时，必须与设计单位或有关专业人士协商，不得擅自增加负荷或改变构件受力。

总之，通过各方的共同努力，钢结构失稳事故可以从根本上得到解决。

15.2.6 钢结构锈蚀事故的分析与处理

钢结构纵然有许多优点，但生锈腐蚀是一个致命的缺点。国内外因锈蚀导致的钢结构事故时有发生。生锈腐蚀将会引起构件截面减小，承载力下降，尤其是因腐蚀产生的"锈坑"将使钢结构的脆性破坏的可能性增大。再者，在影响安全性的同时，也将严重地影响钢结构的耐久性，使得钢结构的维护费用昂贵。据有关资料统计，世界钢结构的产量约十分之一因腐蚀而报废。据某些先进工业国家对钢铁腐蚀损失的调查，因腐蚀所损耗的费用就约占总生产值的 2%～4.2%。我国台湾仅 1987 年钢结构和建筑工业防腐费用就约为 30～40 亿新台币，其中涂层维护费占 62.55%。因此，开展钢结构锈蚀事故的分析研究有重要意义。

1. 锈蚀事故的类型及产生原因

通常，我们将钢材由于和外界介质相互作用而产生的损坏过程称为"腐蚀"，有时也叫"钢材锈蚀"。钢材锈蚀，按其作用可分为以下两类：

（1）化学腐蚀

化学腐蚀是指钢材直接与大气或工业废气中含有的氧气、碳酸气、硫酸气或非电介质液体发生表面化学反应而产生的腐蚀。

（2）电化学腐蚀

电化学腐蚀是由于钢材内部有其他金属杂质，它们具有不同的电极电位，在与电介质或水、潮湿气体接触时，产生原电池作用，使钢材腐蚀。

实际工程中，绝大多数钢材锈蚀是电化学腐蚀或化学腐蚀与电化学腐蚀同时作用的结果。

2. 锈蚀事故的处理方法

(1) 新建钢结构防锈

新建钢结构应根据使用性质、环境介质等制定防锈方法，一般有涂料敷盖法和金属敷盖法。

涂料敷盖法，即在钢材表面敷盖一层涂料，使之与大气隔绝，以防锈蚀。主要施工工艺有：表面除锈、涂底漆及涂面漆。

金属敷盖法，即在钢材表面上镀上一层其他金属。所镀的金属可使钢材与其他介质隔绝，也可能是镀层金属的电极电位更低于铁，起到牺牲阳极（镀层金属）保护阴极（铁）的作用。

(2) 原钢结构防锈蚀涂层处理

其处理包括旧漆膜处理、表面处理、涂层选择和涂层施工。

1) 漆膜处理

漆膜处理方法有碱水清洗（5%～10% NaOH 溶液）、火喷法、涂脱漆剂、涂脱漆膏（配方：碳酸钙 6～10 份，碳酸钠 4～7 份，水 80 份，生石灰 1～15 份混成糊状；或清水 1 份，土豆淀粉 1 份，50%浓度氢氧化钠水溶液 4 份，边搅拌边拌合，再加 10 份清水搅拌 5～10min）等。

2) 表面处理

表面处理是保证涂层质量的基础，表面处理包括除锈和控制钢材表面的粗糙度。除锈可以采用手工工具处理、机械工具处理、喷砂处理、化学剂处理（酸洗、碱洗等等）。对于已有钢结构的防腐处理往往是在不停产条件下进行，喷砂和化学剂处理方法不大可能采用，主要是采用手工和机械工具除锈。

① 手工除锈。是古老而简便的常用方法，即用铲刀、刮刀、钢丝刷、砂轮、砂布和手锤，靠手工敲铲、砂磨除去钢材表面旧漆膜和铁锈、油污和积灰。它操作方便，不受结构尺寸条件所限；但劳动强度大、效率低、质量难保证。采用此法必须强调质量要求。

② 机械除锈。即采用风动和电动工具——磨光机、风枪（敲铲）、风动针束除锈机。它比手工除锈的质量和效率都有提高，劳动强度也小一点。

③ 喷砂除锈。在可以停产的地方和露天结构物也可采用喷砂除锈，它质量可靠、除锈比较彻底。喷砂是利用空气压缩机将石英砂喷射于钢材面上除去黑皮和铁锈，也可以用钢砂、钢丸喷射（投射）于钢材面上，效果更好，且能减少砂尘弥漫。喷砂除锈质量虽好，但劳动条件较差。

3) 涂层选择

涂层选择包括涂层材料品种选择、涂层结构选择和涂层厚度确定。

4) 涂层施工

涂层质量与作业中操作有很大关系，一般涂刷中要注意下列事项：

① 除锈完毕应清除基层上杂物和灰尘，在 8h 内尽快涂刷第一道底漆，如遇表面凹凸不平，应将第一道底漆稀释后往复多次涂刷，使其浸透入凹凸毛孔深部，防止孔隙部分再生锈。

② 避免在 5℃以下和 40℃以上以及太阳光下直晒，或 85%湿度以上情况下涂刷，否则易产生起泡、针孔和光泽下降等。

③ 底漆表面充分干燥以后才可涂刷次层油漆，间隔时间一般为 8～48h，第二道底漆尽可能在第一道底漆完成后 48h 内施工，以防第一道底漆之漏涂引起生锈；对于环氧树脂

类涂料，如漆膜过度硬化易产生漆膜间附着不良，必须在规定时间内做上面一层涂料。

④ 涂刷各道油漆前，应用工具清除表面砂粒、灰尘，对前层漆膜表面过分光滑或干后停留时间过长的，适当用砂布、水砂纸打磨后再涂刷上层涂料。

⑤ 一次涂刷厚度不宜太厚，以免产生起皱、流淌现象；为求膜厚均匀，应做交叉覆盖涂刷。

⑥ 涂料黏度过大时才使用稀释剂，稀释剂在满足操作需要情况下应尽量少加或不加，稀释剂掺用过多会使漆膜厚度不足，密实性下降，影响涂层质量。稀释剂使用必须与漆类型配套。一般来说，油基漆、酚醛漆、长油度醇酸磁漆、防锈漆用200号溶剂汽油、松节油；中油度醇酸漆用200号溶剂汽油与二甲苯（1∶1）混合剂；短油度醇酸漆用二甲苯；过氯乙烯漆采用溶剂性强的甲苯、丙酮。稀释剂用错会产生渗色、咬底和沉淀离析缺陷。

⑦ 焊接、螺栓之连接处，边角处最易发生涂刷缺陷与生锈，所以尤其要注意不产生漏涂和涂刷不均，一般应加涂来弥补。

15.2.7 钢结构火灾事故的分析与处理

钢结构作为一种蓬勃发展的结构体系，其优点有目共睹，但缺点也不容忽视。除耐腐蚀性差外，耐火性差是钢结构的又一大缺点。因此一旦发生火灾，钢结构很容易遭受破坏而倒塌。

1. 火灾事故的发生原因

钢材的力学性能对温度变化很敏感。由图15-6可见，当温度升高时，钢材的屈服强度f_y、抗拉强度f_u和弹性模量E的总趋势是降低的，但在200℃以下时变化不大。当温度在250℃左右时，钢材的抗拉强度f_u反而有较大提高，而塑性和冲击韧性下降，此现象称为"蓝脆现象"。当温度超过300℃时，钢材的f_y、f_u和E开始显著下降，而塑性伸长率δ显著增大，钢材产生徐变。当温度超过400℃时，强度和弹性模量都急剧降低。达600℃时，f_y、f_u和E均接近于零，其承载力几乎完全丧失。因此，我们说钢材耐热不耐火。

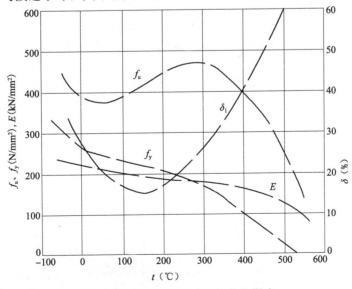

图15-6 温度对钢材力学性能的影响

当发生火灾后，热空气向构件传热主要是辐射、对流，而钢构件内部传热是热传导。随着温度的不断升高，钢材的热物理特性和力学性能发生变化，钢结构的承载能力下降。火灾下钢结构的最终失效是由于构件屈服或屈曲造成的。

钢结构在火灾中失效受到各种因素的影响，例如钢材的种类、规格、荷载水平、温度高低、升温速率、高温蠕变等。对于已建成的承重结构来说，火灾时钢结构的损伤程度还取决于室内温度和火灾持续时间，而火灾温度和作用时间又与此时室内可燃性材料的种类及数量、可燃性材料燃烧的特性、室内的通风情况、墙体及吊顶等的传热特性以及当时气候情况（季节、风的强度、风向等）等因素有关。火灾一般属意外性的突发事件，一旦发生，现场较为混乱，扑救时间的长短也直接影响到钢结构的破坏程度。

2. 火灾事故的防范方法

钢结构由于耐火性能差，因此为了确保钢结构达到规定的耐火极限要求，必须采取防火保护措施。通常不加保护的钢构件的耐火极限仅为 10~20min。

钢结构的防火方法多种多样，通常按照构造形式概括为以下三种。

（1）紧贴包裹法 ［图15-7（a）］

一般采用防火涂料，紧贴钢结构的外露表面，将钢构件包裹起来。

（2）空心包裹法 ［图15-7（b）］

一般采用防火板、石膏板、蛭石板、硅酸盖板、珍珠岩板将钢构件包裹起来。

（3）实心包裹法 ［图15-7（c）］

一般采用混凝土，将钢结构浇筑在其中。

就目前应用情况来分，钢结构防火方法的选择是以构件的耐火极限要求为依据，并且防火涂料是最为流行的做法。

(a) (b) (c)

图 15-7　钢构件的防火方法
(a) 紧贴包裹法；(b) 空心包裹法；(c) 实心包裹法

16 钢结构工程施工质量验收的管理

16.1 钢结构工程施工质量验收流程

根据《建筑工程施工质量验收统一标准》GB 50300—2001 的规定，钢结构工程施工质量验收应划分为分部（子分部）工程、分项工程和检验批。

1. 分部（子分部）工程

对某一个建筑工程中的单位工程，钢结构作为主体结构之一时，钢结构为子分部工程；当主体结构只有钢结构一种结构时，钢结构为分部工程。大型钢结构工程可划分若干个子分部工程。

2. 分项工程

钢结构分项工程按主要工种、材料、施工工艺等划分为钢构件焊接、焊钉焊接、普通紧固件连接、高强度螺栓连接、钢零件及部件加工、钢构件组装、钢构件预拼装、单层钢结构安装、多层及高层钢结构安装、钢网架结构安装、压型金属板安装、防腐涂料涂装、防火涂料涂装13个分项工程。为便于操作，有时将钢构件焊接分成工厂制作焊接和现场安装焊接两个分项工程，将钢网架结构制作从零部件加工中分离出来，这样总共变成了 15 个分项工程。对于某一个钢结构分部（子分部）工程，最高可能包含所有 13 个分项工程，一般情况只包含其中的某些项。当某一分项工程由两家及以上承包商共同施工时，各家应分别进行验收。

3. 检验批

检验批是指"按同一生产条件或按规定的方式汇总起来供检验用的，由一定数量样本组成的检验体"，钢结构分项工程可以划分成一个或若干个检验批进行验收，这有助于及时纠正施工中出现的质量问题，落实"过程控制"，确保工程质量，同时也符合施工实际需要，有利于验收工作的操作。

钢结构分项工程检验批划分应遵循下列原则：

（1）单层钢结构按变形缝划分。
（2）多层及高层钢结构按楼层或施工段划分。
（3）钢结构制作可按构件类型划分。
（4）压型金属板工程按屋面、墙面、楼面等划分。
（5）对于原材料及成品进场的验收，可以根据工程规模及进料情况合并或分批划分。
（6）复杂结构按独立的空间刚度单元划分。

在进行钢结构分项工程检验批划分时，要强调应由施工单位和监理工程师事先划定，一般情况由施工单位在其施工组织设计中划出检验批，报监理工程师批准，双方照此进行验收。每一个分项工程其检验批的划分都可以不同，原则上有多少个分项工程就有多少种划分，但尽量减少划分种类。

钢结构工程质量的验收均应在施工单位自行检查评定的基础上，按施工的顺序进行：检验批→分项工程→分部（子分部）工程。

16.2 钢结构工程施工质量验收资料

质量控制资料完善是钢结构工程质量合格的重要条件,在钢结构工程施工质量验收时,应根据各钢结构工程质量验收规范的规定,对质量控制资料进行系统地检查,着重检查资料的齐全,项目的完整,内容的准确和签署的规范。

质量控制资料检查实际也是统计、归纳工作,主要包括三个方面资料:

(1)核查和归纳各检验批的验收记录资料,查对其是否完整。有些龄期要求较长的检测资料,在分项工程验收时,尚不能及时提供,应在分部(子分部)工程验收时进行补查。

(2)检验批验收时,要求检验批资料准确完整后,方能对其开展验收。对在施工中质量不符合要求的检验批、分项工程按有关规定进行处理后的资料归档审核。

(3)注意核对各种资料的内容、数据及验收人员签字的规范性。

对于建筑材料的复验范围,各专业验收规范都作了具体规定,检验时按产品标准规定的组批规则、抽样数量、检验项目进行,但有的规范另有不同要求,这一点在质量控制资料核查时需引起注意。

16.3 钢结构分部(子分部)工程竣工质量验收

(1)根据现行国家标准《建筑工程施工质量验收统一标准》GB 50300 的规定,钢结构作为主体结构之一应按子分部工程验收;当主体结构均为钢结构时应按分部工程验收。大型钢结构工程可划分成若干个子分部工程进行验收。

(2)钢结构分部工程有关安全及功能的验收和见证检测项目见表16-1,检验应在其分项工程验收合格后进行。

钢结构分部(子分部)工程有关安全及功能的检验和见证检验 表16-1

项次	项目	抽检数量及检验方法	合格质量标准
1	见证取样送样试验项目: (1)钢材及焊接材料复验; (2)高强度螺栓预应力、扭矩系数复验; (3)摩擦面抗滑移系数复验; (4)网架节点承载力试验	GB 50205 第 4.2.2、4.3.2、4.4.2、4.4.3、6.3.1、12.3.3 条规定	符合设计要求和国家现行有关产品标准的规定
2	焊缝质量: (1)内部缺陷; (2)外观缺陷; (3)焊缝尺寸	一、二级焊缝按焊缝处数随机抽检3%,且不应少于3处;检验采用超声波或射线探伤及 GB 50205 第 5.2.6、5.2.8、5.2.9 条方法	GB 50205 第 5.2.4、5.2.6、5.2.8、5.2.9 条规定
3	高强度螺栓施工质量: (1)终拧扭矩; (2)梅花头检查; (3)网架螺栓球节点	按节点数随机抽检3%,且不应少于3个节点,检验按 GB 50205 第 6.3.2、6.3.3、6.3.8 条方法执行	GB 50205 第 6.3.2、6.3.3、6.3.8 的规定

续表

项次	项 目	抽检数量及检验方法	合格质量标准
4	柱脚及网架支座： (1) 锚栓紧固； (2) 垫板、垫块； (3) 二次灌浆	按柱脚及网架支座数随机抽检10%，且不少于3个；采用观察和尺量等方法检验	符合设计要求和 GB 50205 的规定
5	主要构件变形： (1) 钢屋（托）架、桁架、钢架、吊车梁等垂直度和侧向弯曲； (2) 钢柱垂直度； (3) 网架结构挠度	除网架结构外，其他按构件数量随机抽检3%，且不少于3个；检验方法按 GB 50205 第 10.3.3、11.3.2、11.3.4、12.3.4 条执行	GB 50205 第 10.3.3、11.3.2、11.3.4、12.3.4 条的规定
6	主体结构尺寸： (1) 整体垂直度； (2) 整体平面弯曲	见 GB 50205 第 10.3.4、11.3.5 条的规定	GB 50205 第 10.3.4、11.3.5 条的规定

（3）钢结构分部工程有关观感质量检验应按表 16-2 执行。

钢结构分部（子分部）工程观感质量检查项目　　表 16-2

项次	项 目	抽 检 数 量	合格质量标准
1	普通涂层表面	随机抽取3个轴线结构构件	GB 50205 第 14.2.3 条的要求
2	防火涂层表面	随机抽取3个轴线结构构件	GB 50205 第 14.3.4、14.3.5、14.3.6 条的要求
3	压型金属板表面	随机抽取3个轴线间压型金属板表面	GB 50205 第 13.3.4 条的要求
4	钢平台、钢梯、钢栏杆	随机抽查10%	连接牢固，无明显外观缺陷

（4）钢结构分部（子分部）合格质量标准应符合下列规定：

1）各分项工程质量均应符合合格质量标准；

2）质量控制资料和文件应完整；

3）有关安全及功能的检验和见证检测结果应符合表 16-1 合格质量标准的要求；

4）有关观感质量应符合表 16-2 合格质量标准的要求。

（5）钢结构分部（子分部）工程验收时，应提供下列文件和记录：

1）钢结构工程竣工图纸及相关设计文件；

2）施工现场质量管理检查记录；

3）有关安全及功能的检验和见证检测项目检查记录；

4）有关观感质量检验项目检查记录；

5）分部（子分部）所含各分项工程质量验收记录；

6）分项工程所含各检验批质量验收记录；

7）强制性条文检验项目检查记录及证明文件；

8）隐藏工程检验项目检查验收记录；

9）原材料、成品质量合格证明文件、中文标志及性能检测报告；

10）不合格项的处理记录及验收记录；

11）重大质量、技术问题实施方案及验收记录；

12）其他有关文件和记录。

（6）钢结构工程质量验收记录应符合下列规定：

1）施工现场质量管理检查记录可按现行国家标准《建筑工程施工质量验收统一标准》GB 50300 中附录 A 进行；

2）分项工程检验批验收记录可按 GB 50205 附录 J 中表 J.0.1~表 J.0.13 进行；

3）分项工程验收记录可按现行国家标准《建筑工程施工质量验收统一标准》GB 50300 中附录 E 进行；

4）分部（子分部）工程验收记录可按现行国家标准《建筑工程施工质量验收统一标准》GB 50300 中附录 F 进行。

参 考 文 献

［1］ 中华人民共和国国家标准．钢结构工程施工质量验收规范 GB 50205—2001．北京：中国建筑工业出版社，2001．
［2］ 中华人民共和国国家标准．建筑工程施工质量验收统一标准 GB 50300—2001．北京：中国建筑工业出版社，2001．
［3］ 编委员．质量员一本通．北京：中国建材工业出版社，2006．
［4］ 潘延平．建筑施工五大员岗位培训丛书：质量员必读．2版．北京：中国建筑工业出版社，2005．
［5］ 本书编委会．建筑工程管理人员职业技能全书：质量员．武汉：华中科技大学出版社，2008．
［6］ 张根凤．质量员便携手册［M］．北京：中国电力出版社，2006．
［7］ 李建钊．质量员全能图解［M］．天津：天津大学出版社，2009．
［8］ 高妙康．质量员［M］．北京：中国建筑工业出版社，2009．
［9］ 龚利红．质量员一本通［M］．北京：中国电力出版社，2008．
［10］ 编委会．现场质量员岗位通［M］．北京：北京理工大学出版社，2009．
［11］ 本书编委会．施工现场管理控制 100 点：质量员［M］．武汉：华中科技大学出版社，2008．
［12］ 中华人民共和国行业标准．网架结构设计与施工规程 JGJ 7—91．北京：中国建筑工业出版社，2001．
［13］ 中华人民共和国行业标准．建筑钢结构焊接技术规程 JGJ 81—2002．北京：中国建筑工业出版社，2001．
［14］ 中华人民共和国国家标准．一般工程用铸造碳钢件 GB 11352—2009．北京：中国标准出版社，2009．
［15］ 中华人民共和国国家标准．焊接结构用碳素钢铸件 GB/T 7659—1987．北京：中国标准出版社，2001．
［16］ 陈禄如．建筑钢结构施工手册［M］．北京：中国计划出版社，2002．
［17］ 秦更祥．钢结构工程质量检查验收一本通［M］．北京：中国建筑工业出版社，2008．
［18］ 样静琳．公路工程施工现场管理人员业务细节大全丛书．质检员［M］．北京：中国电力出版社，2008．
［19］ 孙高磊．公路工程施工现场管理人员业务细节大全丛书．资料员［M］．北京：中国电力出版社，2008．

尊敬的读者：

感谢您选购我社图书！建工版图书按图书销售分类在卖场上架，共设22个一级分类及43个二级分类，根据图书销售分类选购建筑类图书会节省您的大量时间。现将建工版图书销售分类及与我社联系方式介绍给您，欢迎随时与我们联系。

★建工版图书销售分类表（见下表）。

★欢迎登陆中国建筑工业出版社网站www.cabp.com.cn，本网站为您提供建工版图书信息查询、网上留言、购书服务，并邀请您加入网上读者俱乐部。

★中国建筑工业出版社总编室　　　电　话：010—58337016　　传　真：010—68321361

★中国建筑工业出版社发行部　　　电　话：010—58337346　　传　真：010—68325420
　　　　　　　　　　　　　　　　　E-mail：hbw@cabp.com.cn

建工版图书销售分类表

一级分类名称（代码）	二级分类名称（代码）	一级分类名称（代码）	二级分类名称（代码）
建筑学（A）	建筑历史与理论（A10）	园林景观（G）	园林史与园林景观理论（G10）
	建筑设计（A20）		园林景观规划与设计（G20）
	建筑技术（A30）		环境艺术设计（G30）
	建筑表现·建筑制图（A40）		园林景观施工（G40）
	建筑艺术（A50）		园林植物与应用（G50）
建筑设备·建筑材料（F）	暖通空调（F10）	城乡建设·市政工程·环境工程（B）	城镇与乡（村）建设（B10）
	建筑给水排水（F20）		道路桥梁工程（B20）
	建筑电气与建筑智能化技术（F30）		市政给水排水工程（B30）
	建筑节能·建筑防火（F40）		市政供热、供燃气工程（B40）
	建筑材料（F50）		环境工程（B50）
城市规划·城市设计（P）	城市史与城市规划理论（P10）	建筑结构与岩土工程（S）	建筑结构（S10）
	城市规划与城市设计（P20）		岩土工程（S20）
室内设计·装饰装修（D）	室内设计与表现（D10）	建筑施工·设备安装技术（C）	施工技术（C10）
	家具与装饰（D20）		设备安装技术（C20）
	装修材料与施工（D30）		工程质量与安全（C30）
建筑工程经济与管理（M）	施工管理（M10）	房地产开发管理（E）	房地产开发与经营（E10）
	工程管理（M20）		物业管理（E20）
	工程监理（M30）	辞典·连续出版物（Z）	辞典（Z10）
	工程经济与造价（M40）		连续出版物（Z20）
艺术·设计（K）	艺术（K10）	旅游·其他（Q）	旅游（Q10）
	工业设计（K20）		其他（Q20）
	平面设计（K30）	土木建筑计算机应用系列（J）	
执业资格考试用书（R）		法律法规与标准规范单行本（T）	
高校教材（V）		法律法规与标准规范汇编/大全（U）	
高职高专教材（X）		培训教材（Y）	
中职中专教材（W）		电子出版物（H）	

注：建工版图书销售分类已标注于图书封底。